电工基本技能训练

DIANGONG JIBEN JINENG XUNLIAN

主　　编　罗家德
副 主 编　王柏辉
参　　编　张云忠　叶剑云　许兴林　邵　雪
主　　审　邓开陆　阳廷龙

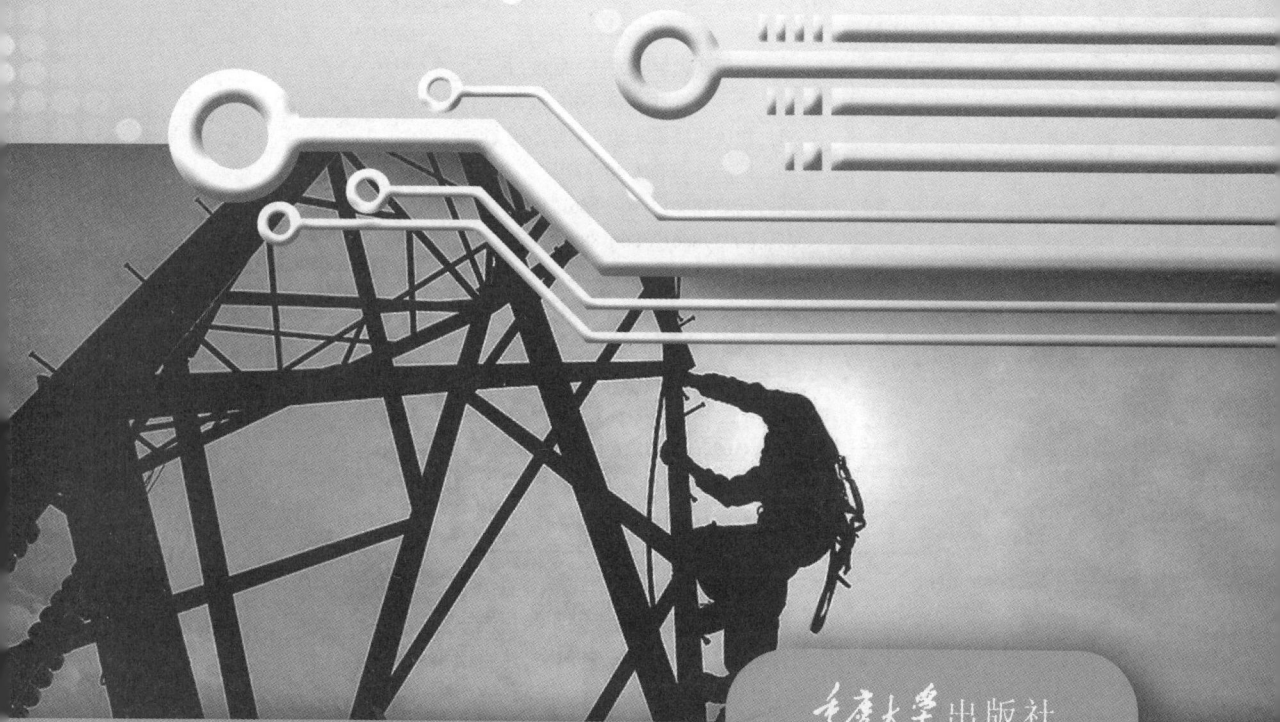

重庆大学出版社

图书在版编目(CIP)数据

电工基本技能训练/罗家德主编.—重庆:重庆
大学出版社,2014.8(2019.1 重印)
国家中等职业教育改革发展示范学校建设系列成果
ISBN 978-7-5624-8348-9

Ⅰ.①电… Ⅱ.①罗… Ⅲ.①电工技术—中等专业学
校—教材 Ⅳ.①TM

中国版本图书馆 CIP 数据核字(2014)第 153104 号

国家中等职业教育改革发展示范学校建设系列成果

电工基本技能训练

主　编　罗家德
副主编　王柏辉
主　审　邓开陆　阳廷龙
策划编辑:陈一柳

责任编辑:陈　力　邓桂华　　版式设计:陈一柳
责任校对:贾　梅　　　　　　责任印制:赵　晟

*

重庆大学出版社出版发行
出版人:易树平
社址:重庆市沙坪坝区大学城西路 21 号
邮编:401331
电话:(023)88617190　88617185(中小学)
传真:(023)88617186　88617166
网址:http://www.cqup.com.cn
邮箱:fxk@cqup.com.cn(营销中心)
全国新华书店经销
重庆巍承印务有限公司印刷

*

开本:787mm×1092mm　1/16　印张:12.5　字数:312 千
2014 年 8 月第 1 版　　2019 年 1 月第 3 次印刷
ISBN 978-7-5624-8348-9　定价:27.00 元

编审委员会

前　言

　　《电工基本技能训练》是国家中等职业教育改革发展示范学校建设成果。本书是根据中等职业教育的人才培养目标、2013 年人力资源和社会保障部培训就业司颁发的《维修电工技能训练教学大纲》的要求进行编写的。从中等职业技术学校的实际教学情况出发，贯彻落实"以服务为宗旨、以就业为导向"的办学理念，坚持理论联系实际，体现"做中学、做中教"的教学方式，以技能实训为主，以培养学生实际动手能力、解决实际问题能力、创新能力和自动化技术应用能力为出发点，依据国家人力资源和社会保障部最新维修电工技能鉴定考核标准，结合现代工矿企业生产一线控制设备现状和维护管理工作岗位所需技能要求编写。

　　本书编写工作坚持了以下几个原则：

　　第一，根据电工类专业毕业生所从事职业的实际需要，合理确定学生应具备的能力结构与知识结构，对本书内容的深度、难度作了较大程度的调整，坚持以能力为本位，强调对基本技能的培养。

　　第二，教学内容综合化。本书紧紧围绕提高电工实际动手能力的原则选择教学内容，删除了传统教材中有关原理的阐述，重点突出职业技能的训练，体现以学生为本位，"教、学、做合一"的职教思想。

　　第三，突出直观性。本书围绕电工教学实训的项目删繁就简，尽量运用与实际操作相关的插图和图表等形式，突出本书的直观性、实用性和综合性，达到理论联系实际及学以致用的目的，尽量做到与职业需求接轨。

　　第四，吸收和借鉴各地中等职业技术学校教学改革的成功经验，以典型工作任务为载体，整合相应的知识和技能，使学生在一个个贴近企业的具体职业情境中学习，既符合职业教育的基本规律，又有利于培养学生分析问题和解决问题的综合职业能力。

　　第五，根据科学技术发展，合理更新内容，尽可能多地在本书中充实新知识、新技术、新设备和新材料等方面的内容，力求使本书具有较鲜明的时代特征。

　　第六，努力贯彻国家关于职业资格证书与学生证书并重、职业资格证书制度与国家就业制度相衔接的政策精神，力求本书内容涵盖有关国家职业标准（中级）的知识和技能要求。同时，在本书编写过程中，严格贯彻了国家有关技术标准的要求。

　　本书在编写过程中始终贯彻"以学生为出发点，以职业标准为依据，以职业能力为核心"的理念，采用"项目引领、任务驱动"的编写方式，主要内容包括电工基本操作技术与照明线路安装、电工仪表的使用及维护。

　　本书由云南工业技师学院罗家德任主编,王柏辉任副主编,邓开陆、阳廷龙任主审,云南电力技术公司张云忠、天威变压器云南分公司叶剑云、许兴林、邵雪参编。

　　本书可作为中等职业技术学校和职业高中的电子类、机电类的技能实训专业教材,也可作为上岗前职业培训(初、中级)维修电工考证的技能实训教材,也是工程技术人员、安装及维修电工的参考用书。

　　本书虽经反复斟酌,多次修改,但由于编者的水平有限,书中不足和错误之处在所难免,恳请读者提出宝贵意见和建议。

编　者
2014 年 5 月

目　录

项目一

电工基本操作技术与
照明线路安装

任务一　电工常用工具的使用、导线线头的加工与连接

一、任务描述

学会使用电工工具，能按照工艺要求进行各种导线绝缘层的剖削、连接，以及绝缘层恢复训练，满足生产工艺的要求。

二、课时安排

12 课时。

三、学习目标

①正确使用各种电工工具。
②按操作规程对各种导线的绝缘剖削。
③按工艺要求进行各种导线的连接和绝缘层恢复。
④认真填写教材上的相关资讯问答题。

四、工作准备

（一）工具、设备、器材、资料的准备

1. 工具、设备的准备

为完成工作任务，每个工作小组需要向仓库工作人员提供借用工具、设备清单，见表1-1。

表1-1　借用工具、设备清单

序　号	名　称	数量	借出时间	学生签名	归还时间	学生签名	管理员
1	验电笔	1					
2	钢丝钳	1					
3	尖嘴钳	1					
4	断线钳	1					
5	剥线钳	1					
6	螺丝刀	1					
7	电工刀	1					
8	斜口钳	1					
9	压线钳	1					
10	万用表	1					
11	冲击钻	1					
12	劳保用品	1					

2. 材料的准备

为完成工作任务，每个工作小组需要向仓库工作人员提供借用材料清单，见表1-2。

表1-2　借用材料清单

序　号	名　称	数　量	借出时间	学生签名	归还时间	学生签名	管理员
1	空气断路器 DZ47-60	1					
2	一位开关	1					
3	平灯座（螺口）	1					
4	白炽灯泡（螺口）	1					
5	元件盒（螺丝、胶粒）	1					
6	导线	50 m					
7	绝缘材料	若干					
8	标签	若干					
9	绑扎带	若干					

3.资料的准备

为完成工作任务,每个工作小组需要向仓库工作人员提供借用资料清单,见表1-3。

表 1-3 借用资料清单

序 号	名 称	数 量	借出时间	学生签名	归还时间	学生签名	管理员
1	图纸	1					
2	说明书	1					
3	维修记录	1					
4	电业安全操作规程	1					
5	电工手册	1					
6	电气安装施工规范	1					

(二)相关理论知识

1.电工工具及其使用方法

电工工具是指一般电工专业都要运用的工具,可分为验电器、螺钉旋具、钢丝钳、尖嘴钳、斜口钳、剥线钳、电工刀、活动扳手等,如图1-1所示。

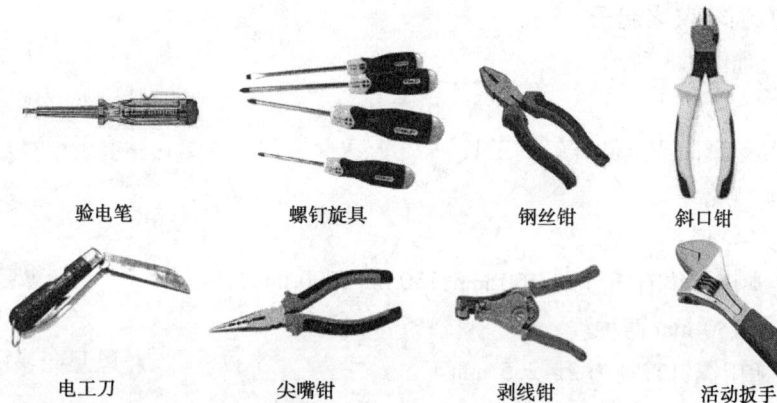

| 验电笔 | 螺钉旋具 | 钢丝钳 | 斜口钳 |
| 电工刀 | 尖嘴钳 | 剥线钳 | 活动扳手 |

图 1-1 常用电工工具

(1)试电笔

试电笔的结构及使用方法如图1-2所示。

试电笔的作用是检测导线和电气设备是否带电,区别相线零线,区别直流电、交流电。试电笔分为低压试电笔和高压试电笔。

1)低压试电笔

①分类:低压试电笔分为笔式、螺钉刀式两种。

②结构:低压试电笔由氖泡、电阻、弹簧、笔身、笔体组成。

③测试范围:60~500 V。

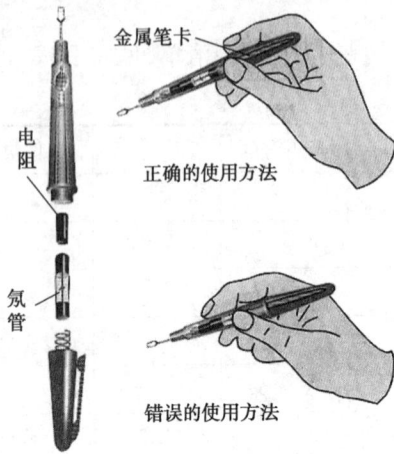

金属笔卡

电阻

正确的使用方法

氖管

错误的使用方法

图 1-2　试电笔

④使用方法:正确握笔,以手指触及笔尾金属体,使氖泡小窗背光朝自己,只要带电体与大地之间的电位差超过 60 V,氖泡就发光。

⑤安全注意事项

a. 使用前应在已知带电体上测试,证明是否良好。

b. 使用时,应使验电器逐渐靠近被测物体,直到氖泡发亮,只有在氖泡不发亮时,人体才能与被测体接触。

c. 测试时,手不能触及笔体的金属部位。

2)高压试电笔

①结构:

高压试电笔由金属钩、氖管、氖管窗、固紧螺钉、护环、握柄组成。

②使用方法:用手握住验电器的绝缘部位。

③安全注意事项:室外使用,必须在气候条件良好的情况下使用;在雨、雪、雾及湿度较大的天气中,不宜使用;测试时,必须带上绝缘手套,必须有人监护;测试时防止发生短路事故;人与带电体保持足够的安全距离,10 kV 以上高压安全距离为 0.7 m 以上。

(2)螺钉旋具(又名起子)

螺钉旋具如图 1-3 所示。

1)定义

螺钉旋具是紧固或拆卸螺钉的工具。

2)式样与规格

①样式:一字形;十字形。

②规格:常用规格有 50 mm,100 mm,150 mm,200 mm,必备的是 50 mm,150 mm 两种。

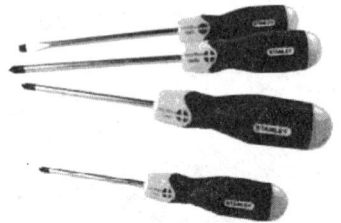

图 1-3　螺钉旋具

50 mm:适用螺钉直径为 2 ~ 2.5 mm。

100 mm:适用螺钉直径为 3 ~ 5 mm。

150 mm:适用螺钉直径为 6 ~ 8 mm。

200 mm:适用螺钉直径为 10 ~ 12 mm。

目前使用较广泛的有磁性旋具(木质绝缘柄、塑胶绝缘柄),在金属杆的刀口端焊有磁性金属材料,可以吸住待拧紧的螺钉,准确定位。

3)使用方法

①大螺钉旋具:大拇指、食指和中指夹住握柄;手掌顶住柄的末端,防止旋具转动时滑脱。

②小螺钉旋具:用手指顶住木柄末端捻旋。

③较长螺钉旋具:右手压紧并转动手柄,左手握住螺钉旋具中间。左手不得放在螺钉周

围,防止将手划伤。

4)安全知识:

①电工不可使用金属杆直通柄顶的螺钉旋具,易触电。

②使用螺钉旋具紧固和拆卸带电螺钉时,手不得触及金属杆,以免发生触电事故。

③应在金属杆上穿套绝缘管。

(3)钢丝钳

钢丝钳如图1-4所示。

1)构造及用途

钢丝钳由钳头和钳柄组成。钳头由钳口、齿口、刀口和铡口组成;钳口用来弯绞和钳夹导线线头;齿口用来紧固或起松螺母;刀口用来剪切或剖削软导线绝缘层;铡口用来铡切电线线芯、钢丝或铅丝等较硬金属。

2)分类

钢丝钳分为铁柄、绝缘柄(电工用)两种。

3)规格

有150 mm,175 mm,200 mm三种。

图1-4　钢丝钳

4)安全知识

①使用前,必须检查绝缘柄的绝缘是否良好,如损坏,带电作业时会发生触电事故。

②不可同时剪切相线、零线,否则会发生短路事故。

(4)尖嘴钳

尖嘴钳如图1-5所示。

图1-5　尖嘴钳

1)作用

①剪断细小金属丝。

②夹持较小螺钉、垫圈、导线等。

③在装接控制电路时,能将单股导线弯成所需形状。

2)结构及适用场合

头部尖细,适用于狭小工作空间操作。

3)分类

尖嘴钳分为铁柄、绝缘柄(耐压500 V)两种。

4）安全知识

①带电作业时，手不要触及钳头金属部位。

②带电作业时，检查绝缘柄的好坏。

（5）斜口钳

1）作用

斜口钳用来剪断较粗金属丝、线材及导线电缆。

2）分类

斜口钳分为铁柄、管柄、绝缘柄（耐压500 V）三种。

3）安全知识

①带电作业时，手不要触及钳头。

②带电作业时，检查绝缘柄的好坏。

（6）剥线钳

剥线钳如图1-6所示。

图1-6　剥线钳

1）作用

剥线钳用于剥削小直径导线绝缘层。

2）耐压等级

500 V。

3）使用方法

将要剥削的导线绝缘层长度用标尺定好后，即可把导线放入相应的刃口中（比导线直径稍大），用手将钳柄一握紧，绝缘层便被割剖，且自动弹出。

（7）电工刀

电工刀如图1-7所示。

图1-7　电工刀

1) 作用

电工刀用来剖削电线线头、切割木台缺口、削制木榫。

2) 使用方法

使用时,应将刀口朝外剖削;剖削导线绝缘层时,应使刀面与导线成较小锐角,以免割伤导线。

3) 安全知识

① 注意避免伤手,不得传递未折进刀柄的电工刀。

② 用毕,随时将刀身折进刀柄。

③ 无绝缘保护,不能用于带电作业,以免触电。

2. 电力线头的连接方法

常用电力线的线芯有单股、7 股和 19 股等多种规格,连接方法随线芯股数的不同而异。

(1) 铜芯线线头的连接方法

1) 单股线芯的 T 字分支连接方法

连接时,要把支线线芯头与干线线芯十字相交,使支线线芯根部留出 3 ~ 5 mm。对于较小截面线芯,按图 1-8 所示方法,环绕成结状,再把支线线头抽紧扳直,然后,紧密地并缠到线芯上,缠绕长度为线芯直径的 8 ~ 10 倍,剪去多余线芯,钳平切口毛刺。对于较大截面线芯,绕成结状后不易平服,可在十字相交直接并缠到线芯上,缠绕长度为线芯直径的 8 ~ 10 倍。但并缠时必须十分紧密牢固,且应进行搪锡加固。

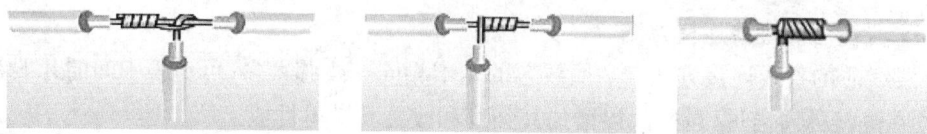

图 1-8　单股线芯的 T 字分支连接方法

2) 7 股线芯的直线连接方法

① 先将剖去绝缘层的线芯头拉直,接着把线芯头全长的 1/3 根部进一步绞紧,然后把余下的 2/3 部分的线芯头按图 1-9(a)所示的方法,分散成伞骨状,并将每股线芯拉直。

② 把两伞骨状线头隔股对叉,如图 1-9(b)所示,然后捏平两端每股线芯,如图 1-9(c)所示。

③ 先把一端的 7 股线芯按 1,2,3 股分成 3 组,接着把第一组两股线芯扳起,垂直于线芯,如图 1-9(d)所示,然后按顺时针方向紧贴并缠两圈,再扳成与线芯平行的直角,如图 1-9(e)所示。

④ 按照上一步骤相同方法继续紧缠第二和第三组线芯,但在后一组线芯扳起时,应把扳起的线芯紧贴住前一组线芯已弯成直角的根部,如图 1-9(g)所示。第三组线芯应紧缠 3 圈,如图 1-9(h)所示,但缠绕到第 2 圈时,就应把前两组多余的线芯端剪去,线端切口应刚好被第 3 圈缠好后全部压没,不应有伸出第 3 圈的余端。当缠绕到两圈半时,把 3 股线芯多余的端头剪去,使之正好绕满 3 圈并钳平切口毛刺,另一端的连接方法完全相同。

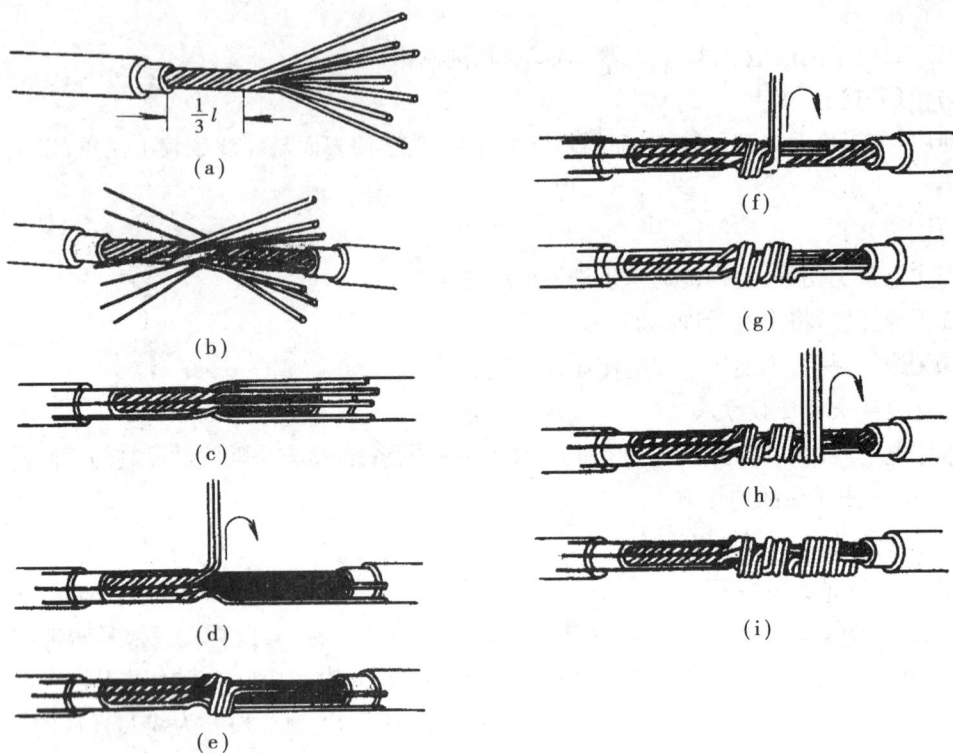

图 1-9　7 股线芯的直线连接方法

3)19 股线芯的直线连接方法

19 股线芯的直线连接方法与 7 股线芯的基本相同。线芯太多,可剪去中间的几股线芯。缠接后,在连接处尚需进行钎焊,以增加其强度和改善其导电性能。

4)7 股线芯的 T 字分支连接方法

把分支线芯头的 1/8 处根部进一步绞紧,再把 7/8 处部分的 7 股线芯分成两组,如图 1-10(a)所示。接着,把干线芯线用螺钉旋具撬分两组,把支线 4 股线芯的一组插入干线的两组线芯中间,如图 1-10(b)所示。然后,把 3 股线芯的一组往干线一边按顺时针紧缠绕 3 ~ 4 圈,剪去余端并钳平切口,如图 1-10(c)所示。另一组 4 股线芯按相同方法缠绕 4 ~ 5 圈,剪去多余部分并钳平切口,如图 1-10(d)所示。

5)U 形轧在直线或 T 字分支方面的应用

U 形轧在直线或 T 字分支连接方面的应用采用 U 形轧压接的方法,如图 1-11 所示。

两副 U 形轧相隔距离,通常应在 150 ~

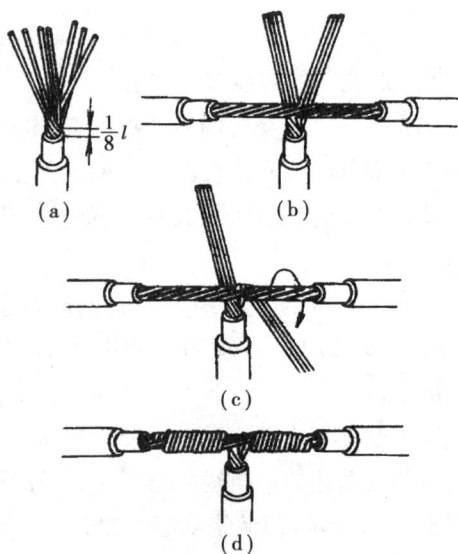

图 1-10　7 股线芯的 T 字分支连接方法

200 mm。每个导线接头,应用 2~3 副 U 形轧,由导线截面积和安装条件而定。相邻的两副 U 形轧,不可同向安装,应反向安装。

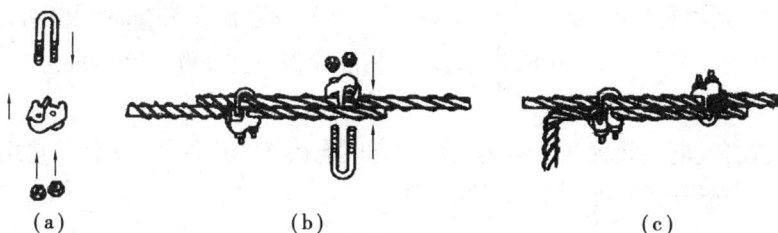

(a)　　　　　　　　(b)　　　　　　　　(c)

图 1-11

（2）铝芯线线头的连接方法

铝极易氧化,而氧化铝膜的电阻率又很高,因此铝芯电线不能采用铜芯电线的连接方法进行连接,否则容易发生事故。铝芯电线的连接方法如下:

1）螺钉压接法

适用于负载较小的单股线芯的连接,如图 1-12 所示。在线路上可通过开关、灯头和瓷接头上的接线端子螺钉进行连接。连接前,必须涂上凡士林钵膏粉或中性凡士林,并应用钢丝刷把线芯表面的氧化铝铝膜刷除,然后方可进行螺钉压接。若是两个或两个以上线头同接在一个接线端子时,则应先把几个线头拧成一体,然后压接。

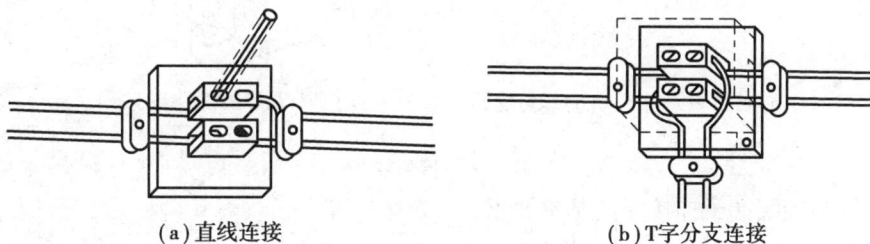

(a)直线连接　　　　　　　　(b)T字分支连接

图 1-12　螺钉压接法

2）钳接管的直线机械压接法

适用于户内外较大负载的多股线芯的直线连接。压接方法是:选用适合导线规格的钳接管(又称压接管),清除掉钳接管内孔和线头表面的氧化层。按图 1-13(a)所示方法和要求,把两线头插入钳接管内,用压接钳进行压接。若是铜芯铝绞线,两线之间则应衬垫一条铝质垫片,如图 1-13(b)所示。

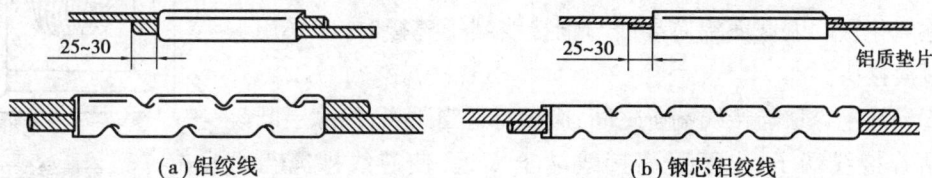

(a)铝绞线　　　　　　　　(b)钢芯铝绞线

图 1-13　钳接管和导线穿入要求

3）沟线夹螺钉压接的分支连接方法

适用于架空线路的分支连接。对导线截面在 75 mm² 及以下的，用一副小型沟线夹把分支线头末端与干线进行绑扎，如图 1-13（a）所示。对导线截面在 75 mm² 以上的，需用两副大型沟线夹，大型沟线夹如图 1-13（b）所示，两副相隔应保持在 300～400 mm。

（3）线头与接线端子的连接方法

各种电气设备、电气装置和电器用具均设有供连接导线用的接线端子，常用接线端子有柱型端子和螺钉端子两种，如图 1-14 所示。

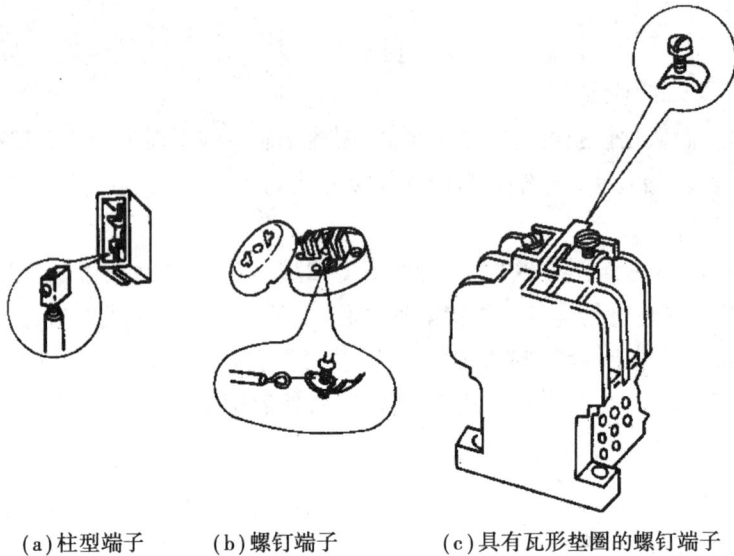

(a)柱型端子　　(b)螺钉端子　　(c)具有瓦形垫圈的螺钉端子

图 1-14　接线端子

1）导线与接线端子连接时的基本要求

①多股线芯的线头，应先进一步绞紧，然后再与接线端子连接。

②要分清相位的接线端子，必须先分清导线相序，然后方可连接。单相电路必须分清相线和中性线，并应按电气装置的要求进行连接（如安装电灯时，相线必须与开关连接）。

③小截面铝芯导线与接线端子连接时，必须留有能供再剖削 2～3 次线头的保留长度，否则线头断裂后将无法再与接线端子连接。留出的余量导线，要按图 1-15 所示盘成弹簧状。

④小截面铝芯导线和铝接线端子在连接前必须涂上凡士林后清除氧化层。大截面铝芯导线与铜接线端子连接时，应采用铜铝过渡接头。

⑤导线绝缘层与接线端子之间，应保持适当距离，绝缘层既不可贴着接线端子，也不可离接线端子太远，使芯线裸露得太长。

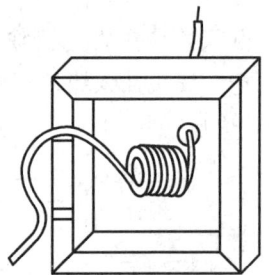

图 1-15　余量导线的
处理方法

⑥软导线线头与接线端子连接时，不允许出现多股细线芯

松散、断股和外露等现象。

⑦线头与接线端子必须连接得平服、紧密和牢固可靠,使连接处的接触电阻减少到最低程度。

2)线头与柱型端子的连接方法

这种接线端子是依靠置于孔顶部的压紧螺钉压住线头(线芯端)来完成电连接的。电流容量较小的接线端子,一般只有一个压紧螺钉。电流容量较大的,或连接要求较高的,通常有两个压紧螺钉。连接时的操作要求和方法如下:

①单股线芯头的连接方法。在通常情况下,线芯直径都小于孔径,且多数都可插入两股线芯,故必须把线头的线芯折成双股并列后插入孔内,并应压紧螺钉顶住在双股线芯的中间,如图 1-16(a)所示。

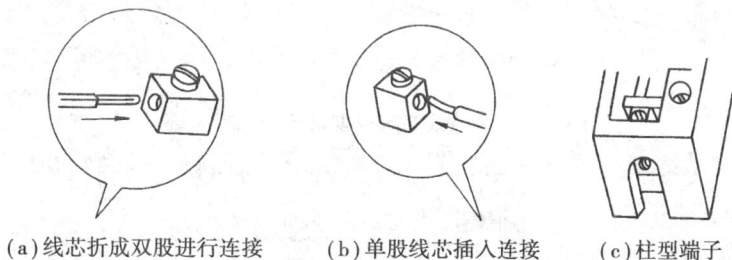

(a)线芯折成双股进行连接　　(b)单股线芯插入连接　　(c)柱型端子

图 1-16　单股线芯与柱型端子的连接方法

如果线芯直径较大,无法插入双股线芯,则应在单股芯线插入孔前把线芯端头略折一下,折转的端头翘向孔上部,如图 1-16(b)所示。

上述两种线头线芯的工艺处理,都能有效地防止线头在压紧螺钉稍有松动时从孔中脱出。

②多股线芯头的连接方法。连接时,必须把多股线芯按原拧绞方向,用钢丝钳进一步绞缠紧密,要保证多股线芯受压紧螺钉顶压时不松散。由于多股线芯的载流量较大,孔上部往往有两个压紧螺钉,连接时应先拧紧第一枚压紧螺钉(近端口的一枚),后拧紧第二枚,然后再加拧第一枚及第二枚,要反复加拧两次。在连接时,线芯直径与孔径的匹配一般应比较相称,尽量避免出现孔过大或过小的现象。3 种情况的工艺处理方法如下:

a.在线芯直径与孔大小较匹配时,在一般用电场所,把线芯进一步绞紧后装入孔中即可,如图 1-17(a)所示。若在危险场所用电,为了防止线头可能从孔中脱出,应作以下处理:

线头绝缘层应剥去多一些,在进一步将线芯绞紧前,线芯端头分三级剪去多余部分。以 7 股线为例,宜两股剪得最短;4 股稍长,长出单股线芯直径的 4 倍;另 1 股最长,长度应能在 4 股稍长线芯上紧缠两圈的需要量,待多股线芯作进一步绞紧后,把这股最长线芯紧缠在端头上。这样,能使线头的线芯端头略大些,在压紧螺钉松动时,即使导线稍受外力牵拉,也不易脱出孔。

b.在孔过大时,可用一根单股线芯(直径应根据孔大于线芯直径的多少而定)在已作进一步绞紧后的线芯上进行紧密的排绕一层,如图 1-17(b)所示,然后进行连接。

c.孔过小,通常是导线载流密度选用过低所致。因此,可把多股线芯处于中心部位的线芯剪去(7 股线剪去 1 股,19 股线剪去 1 ~ 7 股），然后重新绞紧,进行连接,如图 1-17(c)所示。若用于用电危险场所,也应采取防止线头脱出的措施。

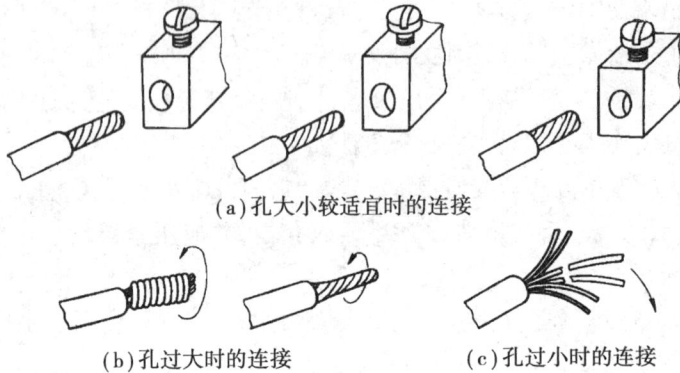

(a)孔大小较适宜时的连接

(b)孔过大时的连接   (c)孔过小时的连接

图 1-17　多股线芯与柱型端子的连接方法

注意:不管单股线芯或多股线芯的线头,在插入孔时必须插到底。同时,导线绝缘层不得插入孔内。

3)线头与螺钉端子的连接方法

这种接线端子是依靠开槽盘头螺钉的平面,并通过垫圈紧压导线线芯来完成电连接的。对于电流容量较小的单股线芯,在连接前,应把线芯弯成压接圈(俗称羊眼圈)。对于电流容量较大的多股线芯,在连接前,一般都应在线芯端头上安装接线耳。但在电流容量不太大且线芯截面积不超过 10 mm^2 的 7 股线连接时,也允许把线头线芯弯成多股线芯的压接圈进行连接。此外,在螺钉端子上连接时,还经常遇到软导线的正确连接问题。各种连接的工艺要求和操作方法,分别介绍如下:

①连接的工艺要求:压接圈和接线耳必须压在垫圈下边,压接圈的弯曲方向必须与螺钉的拧紧方向保持一致;导线绝缘层切不可压入垫圈内;螺钉必须拧得足够紧,但不得用弹簧垫圈来防止松动。连接时,应清除垫圈上、压接圈及接线耳上的油垢。

②单股导线压接圈的弯法工艺步骤和操作方法如图 1-18 所示。

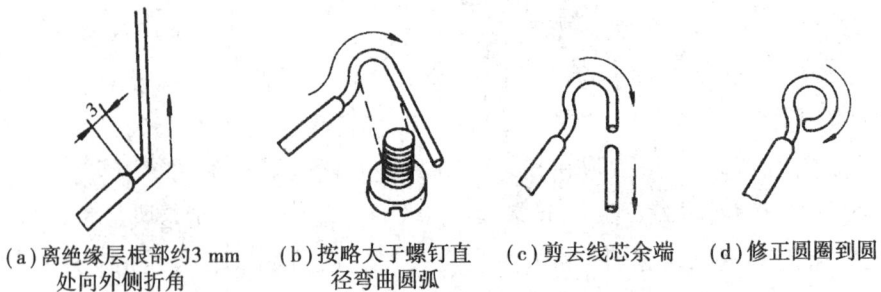

(a)离绝缘层根部约3 mm　(b)按略大于螺钉直　(c)剪去线芯余端　(d)修正圆圈到圆
处向外侧折角　　　　　径弯曲圆弧

图 1-18　单股线芯压接圈的弯法

③7 股导线压接圈的弯法工艺步骤和操作方法可按以下次序进行:

a. 把离绝缘层根部的约 1/2 线芯重新绞紧，越紧越好，如图 1-19（a）所示。

b. 把重新绞紧部分线芯，在 1/3 处向左外折角，然后开始弯曲圆弧，如图 1-19（b）所示。

c. 当圆弧弯曲将成圆圈（剩下 1/4 时），应把余下的重新绞紧部分线芯，向右外折角，然后使之成圆，如图 1-19（c）所示。

d. 把弯成压接圈后的线头旋向，由右向反至左向；并捏平余下线端，使两股线芯平行，如图 1-19（d）所示。

e. 把置于最外侧的两股线芯折成垂直状（要留出垫圈边宽），接着按 7 股芯线直线对接的自缠法进行加工，如图 1-19（e）所示。如图 1-19（f）所示是缠成后的 7 股芯线压接圈。

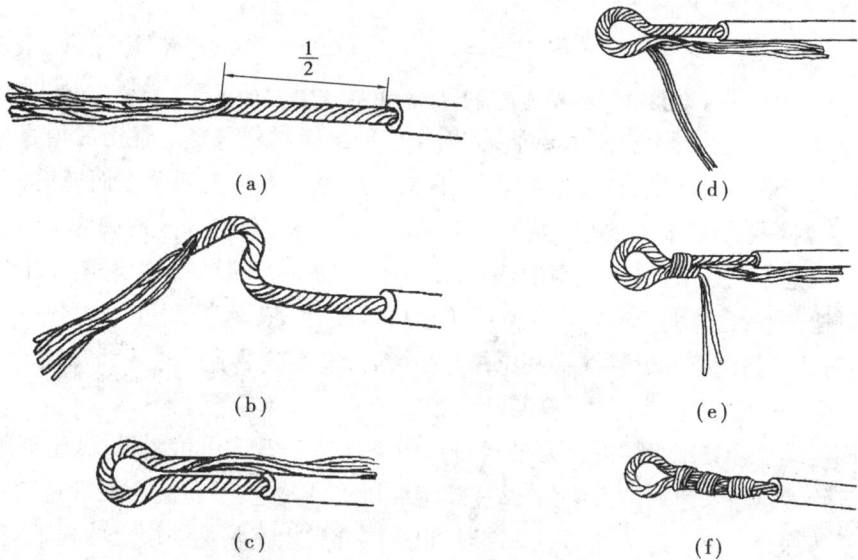

（a）

（b）

（c）

（d）

（e）

（f）

图 1-19　7 股导线压接圈的弯法

注意：对于载流量稍大的，应在弯成后再进行搪锡处理。

④软导线线头的连接方法应按图 1-20 所示方法进行连接。

4）线头与具有瓦形垫圈的螺钉端子的连接

这种接线端子压紧方式与线头与螺钉端子的连接方法类似，只是垫圈采用瓦形（或叫桥形）构造。为了防止线头脱落，在连接时应将线芯作如图 1-21（a）所示方法的工艺处理。如果需把两个线头接入同一个接线端子时，应按图 1-21（b）所示的方法进行连接。

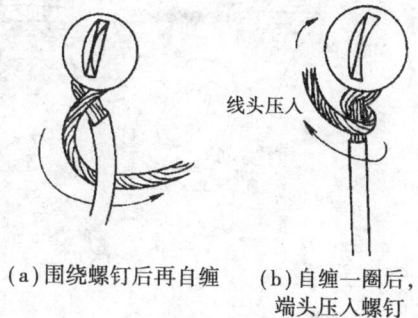

线头压入

（a）围绕螺钉后再自缠　　（b）自缠一圈后，端头压入螺钉

图 1-20　软线线头的连接方法

（4）导线绝缘层的恢复方法

绝缘导线的绝缘层破损后，必须恢复（包括因连接需要而剖削去的绝缘层），恢复后绝缘强度不应低于原有绝缘层。

①线圈内部导线绝缘层的恢复。当导线绝缘层有破损时，或经过接头后，应根据线圈层

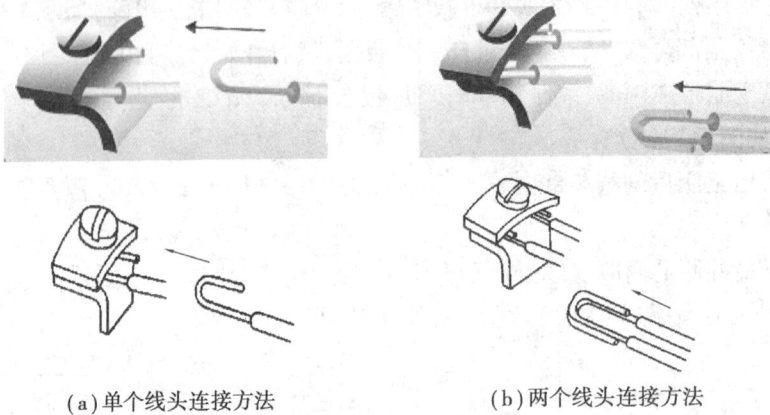

(a) 单个线头连接方法　　　　(b) 两个线头连接方法

图 1-21　线头与具有瓦形垫圈的螺钉端子的连接

间和匝间承受的电压及线圈的技术要求,选用相应的绝缘材料包覆。常用的绝缘材料有电容纸、黄蜡绸、黄蜡布、青壳纸和涤纶薄膜等,它们的绝缘强度按上列顺序而递增(后一个比前一个高)。耐热性能以电容纸和青壳纸为最高,厚度以电容纸和涤纶薄膜为最薄。电压较低的小型线圈选用电容纸,电压较高的选用涤纶薄膜;较大型的线圈,则选用黄蜡带或青壳纸。修复方法一般都采用衬垫法,即在导线绝缘层破损处(或接头处)上下衬垫一或两层绝缘材料,左右两侧借助于邻近导线将其压住。垫衬时,绝缘垫层前后两端都要放出 1 倍于破损长度的余量。

②线圈线端连接处绝缘层的恢复通常采用包缠法。一般选用黄蜡带、涤纶薄膜带或玻璃纤维带等绝缘材料。包缠的方法为:从完整绝缘层上开始包缠,包缠两根带宽后方可进入连接处的线芯部分。包至连接处的另一端时,也需同样包入完整绝缘层上两根带宽的距离,如图 1-22(a)所示包缠时,绝缘带与导线应保持约 55°的倾斜角,每圈包缠压叠带的一半,如图 1-22(b)所示。

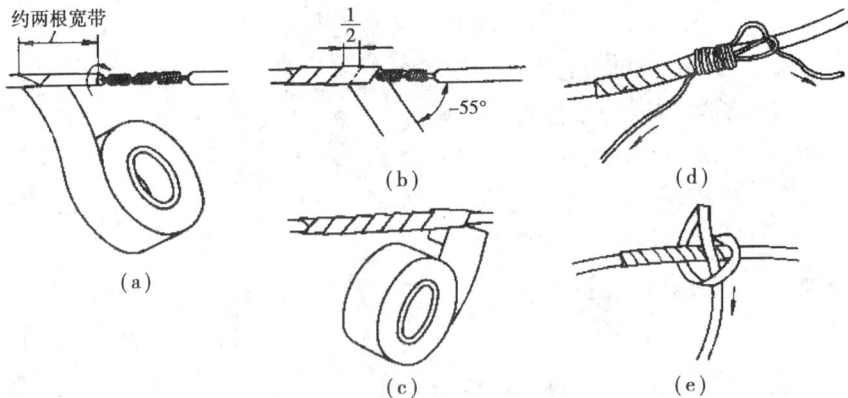

图 1-22　绝缘带的包缠方法

一般情况下需包缠两层绝缘带,必要时再用纱布带封一层。绝缘带(或纱带)与绝缘带的衔接,应采取续接的方法,如图 1-22(c)所示。绝缘带或纱布带包缠完毕后的末端,应用纱线绑扎牢固,如图1-22(d)所示。或用绝缘带自身套结扎紧,方法如图1-22(e)所示。

③绝缘导线绝缘层的恢复也采用包缠法,通常用黄蜡带、涤纶薄膜带和黑胶带作为恢复绝缘层的材料。绝缘带的宽度,一般选用20 mm比较适中,包缠也方便。用在380 V线路上的导线恢复绝缘时,必须先包缠一二层黄蜡带(或涤纶薄膜带),然后再包缠一层黑胶带。用在220 V线路上的导线恢复绝缘层时,先包缠一层黄蜡带(或涤纶薄膜带),然后再包缠一层黑胶带。黑胶带与黄蜡带也应采用续接的方法衔接,黑胶带因具有黏性可自作包封,但黑胶带必须包缠紧密,并需覆盖黄蜡带(或涤纶带)。

五、操作步骤

1.塑料硬线绝缘层的剖削

①线芯截面为4 mm² 及以下的塑料硬线,一般用钢丝钳剖削。

具体操作方法为:用左手捏住导线,根据线头所需长度,用钳头刀口轻切塑料层,但不可切入芯线,然后用右手握住钳子头部,用力向外勒去塑料层。右手握住钢丝钳时,用力要适当,避免伤及线芯,如图1-23所示。

②线芯截面大于4 mm² 的塑料硬线,可用电工刀来剖削绝缘层。

图1-23 塑料硬线绝缘层的剖削

具体操作方法为:如图1-24所示,根据所需的线端长度,用电工刀以45°倾斜角切入塑料绝缘层,注意掌握刀口位置,使之刚好削透绝缘层而又不伤及线芯,接着刀面与芯线保持15°左右,用力向线端推削出一条缺口,然后把未削去的绝缘层剥离线芯,向后扳转,再用电工刀切齐。

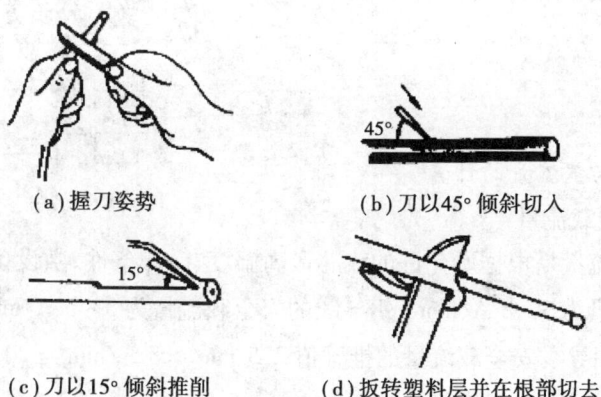

(a)握刀姿势   (b)刀以45°倾斜切入

(c)刀以15°倾斜推削   (d)扳转塑料层并在根部切去

图1-24 电工刀剥离塑料硬线绝缘层

2.塑料软线绝缘层的剖削

塑料软线的绝缘层只能用剥线钳或钢丝钳来剖削,不可用电工刀剖削。因为塑料软线太软,线芯又是多股的,用电工刀很容易切断线芯。具体方法同剖削芯线截面为4 mm² 及以下的塑料硬线。

3. 塑料护套线绝缘层的剖削

塑料护套线绝缘层分为外层的公共护套层和内部每根芯线的绝缘层。护套层用电工刀来剥离,方法如图 1-25 所示。根据所需长度用刀尖在线芯缝隙间划开护套层,将护套层向后扳翻,用电工刀齐根切齐。护套层被切去以后,露出每根芯线的绝缘层,其剖削方法与塑料线绝缘层的剖削方法相同,但要求绝缘层的切口与护套层的切口之间,留有 5 ~ 10 mm 的距离。

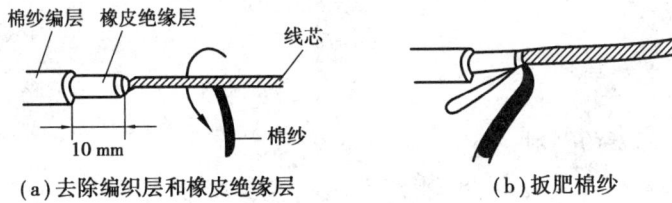

图 1-25 塑料护套线绝缘层的剖削

4. 双绞线绝缘层的剖削

花线的绝缘分外层和内层,外层是一层柔韧的棉纱编织层。剖削时,在线头所需长度处用电工刀把外层的棉纱编织层切割一圈拉去。距棉纱织物保护层 10 mm 处,用钢丝钳刀口切割橡胶绝缘层,不能损伤芯线,然后右手握住钳头,左手把花线用力抽拉,钳口勒出橡胶绝缘层;最后露出了棉纱层,把棉纱层松散开来,用电工刀割断。

六、实训结果记录与评价

工作任务评价表见附表一。

七、拓展知识

1. 导线截面积与载流量的计算

(1)一般铜导线载流量

导线的安全载流量是根据所允许的线芯最高温度、冷却条件、敷设条件来确定的。一般铜导线的安全载流量为 5 ~ 8 A/mm²,铝导线的安全载流量为 3 ~ 5 A/mm²。

2.5 mm² BVV 铜导线安全载流量的推荐值 2.5 mm² × 8 A/mm² = 20 A。

4 mm² BVV 铜导线安全载流量的推荐值 4 mm² × 8 A/mm² = 32 A。

(2)计算铜导线截面积

利用铜导线的安全载流量的推荐值 5 ~ 8 A/mm²,计算出所选取铜导线截面积 S 的上下范围:

$$S = I/(5 \sim 8)(\text{mm}^2) = 0.125I \sim 0.2I(\text{mm}^2)$$

式中　　S——铜导线截面积,mm^2;

$\qquad$ I——负载电流,A。

（3）功率计算

一般负载（也可以称为用电器,如电灯、冰箱等）分为两种:一种是电阻性负载;另一种是电感性负载。

电阻性负载的计算公式:$P = UI$

日光灯负载的计算公式:$P = UI\cos\varphi$,其中日光灯负载的功率因数$\cos\varphi = 0.5$。

不同电感性负载功率因数不同,统一计算家庭用电器时可以将功率因数$\cos\varphi$取0.8。

也就是说如果一个家庭所有用电器的总功率为6 000 W,则最大电流为:

$$I = P/U\cos\varphi = 6\ 000/220 \times 0.8 = 34(A)$$

但是,一般情况下,家里的电器不可能同时使用,因此加上一个公用系数,公用系数一般取0.5。上面的计算应该改写为:

$$I = P \times 公用系数/U\cos\varphi = 6\ 000 \times 0.5/220 \times 0.8 = 17(A)$$

也就是说,这个家庭总的电流值为17 A。因此总闸空气开关不能使用16 A,应该大于17 A。

2.导线的选择

在安装电器配电设备中,经常遇到导线的选择问题,因此,正确选择导线是一项十分重要的工作。如果导线的截面积选小了,电器负载大,易造成电器火灾的后果;如果截面积选大了,造成成本高,材料浪费。现介绍导线选择口诀,供使用时参考。

绝缘导线载流量估算的口诀如下:

三点五下乘以九,往上减一顺号走。

三十五乘三点五,双双成组减点五。

条件有变加折算,高温九折铜升级。

穿管根数二三四,八七六折满载流。

本口诀对各种绝缘载流量（安全电流）不是直接指出,而是用截面积乘上一定的倍数来表示,通过运算而得。即:倍数随截面的增大而减小。

"三点五下乘以九,往上减一顺号走"是说$3.5\ mm^2$以下的各种截面积铝芯绝缘线,其载流量约为截面数的9倍。如$2.5\ mm^2$的导线,载流量为$2.5 \times 9 = 22.5(A)$。以4 mm^2及以上导线的截面积的倍数关系是顺着线号往上排,倍数逐渐减1,即$4 \times 8,6 \times 7,10 \times 6,16 \times 5,25 \times 4,35 \times 3$。

"三十五乘三点五,双双成组减点五",说的是35 mm^2的导线载流量为截面的3.5倍,即$35 \times 3.5 = 122.2(A)$。从50 mm^2以上的导线,其载流量与面数的关系变为两个线号成一组,倍数依次减0.5,即50～70 mm^2导线的载流量为截面数的3倍;95～120 mm^2导线的载流量是其截面积的2.5倍,依次类推。

"条件有变加折算,高温九折铜升级",是说若铝芯绝缘明敷在环境温度长期高于25 ℃的地区,导线载流量可按上述口诀方法算出,然后再打九折。如果是铜芯线,它的载流量比铝芯线要大一些,如16 mm² 的铜芯线可按25 mm² 铝芯线计算。

导线的载流量与导线截面有关,也与导线的材料、型号、敷设方法以及环境温度等有关,影响的因素较多,计算也较复杂。各种导线的载流量通常可以从手册中查找。但利用口诀再配合一些简单的心算,便可直接算出,不必查表。

口诀是:

10下五;100上二;25,35,四、三界;70,95,两倍半;穿管、温度,八、九折。裸线加一半。铜线升级算。

这几句口诀反映的是铝芯绝缘线载流量与截面的倍数关系。根据口诀,我国常用导线标称截面(平方毫米)与倍数关系排列如下:1,1.5,2.5,4.6,10,16,25,35,50,70,95,120,150,185,…五倍,四倍,三倍,二倍半,二倍。例如,对于环境温度不大于25 ℃时的铝芯绝缘线的载流量为:截面为6 mm² 时,载流量为30 A;截面为150 mm² 时,载流量为300 A。若是穿管敷设(包括槽板等敷设,即导线加有保护套层,不明露的),计算后,再打八折;若环境温度超过25 ℃,计算后再打九折。例如截面为10 mm² 的铝芯绝缘线在穿管并且高温条件下,载流量为$10 \times 5 \times 0.8 \times 0.9 = 36$(A)。若是裸线,则载流量加大一半。例如截面为16 mm² 的裸铝线在高温条件下的载流量为:$16 \times 4 \times 1.5 \times 0.9 = 86.4$(A)。对于铜导线的载流量,口诀指出"铜线升级算",即将铜导线的截面按截面排列顺序提升一级,再按相应的铝线条件计算。例如截面为35 mm² 的裸铜线环境温度为25 ℃的载流量为:按升级为50 mm² 裸铝线即得$50 \times 3 \times 1.5 = 225$ A。对于电缆,口诀中没有介绍。一般直接埋地的高压电缆,大体上可直接采用第一句口诀中的有关倍数计算。比如35 mm² 高压铠装铝芯电缆埋地敷设的载流量为$35 \times 3 = 105$ A。三相四线制中的零线截面,通常选为相线截面的1/2 左右。当然也不得小于按机械强度要求所允许的最小截面。在单相线路中,由于零线和相线所通过的负荷电流相同,因此零线截面应与相线截面相同。

任务二　一控一照明线路的安装

一、任务描述

在现实的生活、生产中,有大量的照明线路需要安装与检修,这些工作是需要依照安装标准和安全规程来完成的。

操作者接到照明线路的安装与检修任务后,根据任务要求,准备工具和材料,做好现场准备工作,严格遵守作业规范进行施工,安装完毕后进行自检,填写相关表格并交付相关部门验收(或口头反馈给用户)。按照现场管理规范清理场地、归置物品。

二、课时安排

12 课时。

三、学习目标

①按规范进行普通开关的安装、接线。
②按规范进行螺口灯头的安装接线。
③能根据控制要求设计电路原理图,合理布置和安装电气元件,根据电气原理图进行布线。

四、工作准备

（一）工具、设备、器材、资料的准备

1. 工具、设备的准备

为完成工作任务,每个工作小组需要向仓库工作人员提供借用工具、设备清单,见表1-4。

表1-4　借用工具、设备清单

序　号	名　称	数　量	借出时间	学生签名	归还时间	学生签名	管理员
1	验电笔	1					
2	钢丝钳	1					
3	尖嘴钳	1					
4	断线钳	1					
5	剥线钳	1					
6	螺丝刀	1					
7	电工刀	1					
8	斜口钳	1					
9	压线钳	1					
10	万用表	1					
11	冲击钻	1					
12	劳保用品	1					

2. 材料的准备

为完成工作任务,每个工作小组需要向仓库工作人员提供借用材料清单,见表1-5。

表1-5　借用材料清单

序　号	名　　称	数　量	借出时间	学生签名	归还时间	学生签名	管理员
1	空气断路器 DZ47-60	1					
2	一位开关	1					
3	平灯座(螺口)	1					
4	白炽灯泡(螺口)	1					
5	元件盒(螺丝、胶粒)	1					
6	导线	50 m					
7	绝缘材料	若干					
8	标签	若干					
9	绑扎带	若干					

3. 资料的准备

为完成工作任务,每个工作小组需要向仓库工作人员提供借用资料清单,见表1-6。

表1-6　借用资料清单

序　号	名　　称	数　量	借出时间	学生签名	归还时间	学生签名	管理员
1	图纸	1					
2	说明书	1					
3	维修记录	1					
4	电业安全操作规程	1					
5	电工手册	1					
6	电气安装施工规范	1					

(二)相关理论知识

1. 普通开关

(1)作用

接通或断开照明灯具的电源。

(2)分类:

①按安装形式有:明装式(拉线开关和扳把(平头)开关)和暗装式(跷板式开关和触碰式开关)。

②按结构形式有:单极开关、三极开关、单控开关、双控开关、旋转开关。

（3）安装要求

①必须垂直安装，不能倒装、斜装、平装。

②拉线开关离地 2～3 m；跷板暗装开关离地 1.3 m；距门框距离为 15～20 cm。

（4）接线方法

①公共点（静触点）接电源进线（进线端）。

②动触点接灯座中心点（出线端）。

（5）注意事项

①进线端、出线端不要接反。

②零线不能进开关。

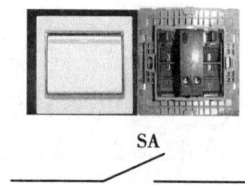

图 1-26　普通开关

（6）图形符号及文字符号

普通开关的图形符号及文字符号如图 1-26 所示。

2. 普通灯具

（1）结构

普通灯具由灯丝、灯头、灯罩、灯杆和挂线盒组成。40 W 以下的灯泡内部抽成真空；40 W 以上的内部抽成真空后充有少量氩气或氮气，以减少钨丝挥发，延长寿命。

（2）原理

通电后，高电阻作用下灯丝迅速发热发红，直到白炽程度而发光。

（3）灯泡的选用

根据使用场所、使用的电压高低和功率大小来正确选用。

（4）灯泡技术规格

常用的规格有 T8，T5，T4 灯管，企业用的 3 支灯管一组的通常是 T5 的灯管，很早以前常用的日光灯规格有 T10，T12。

（5）灯座的分类

①按固定灯泡的形式分为：螺口、插口。

②按安装方式分为：吊式、平顶式、管式。

③按材质分为：胶木、瓷质、金属。

④按用途分为：普通型、防水型、安全型、多用型。

（6）灯座的技术规格

从安装方式分为卡口、螺口等方式；从材料分为电木、塑料、金属、陶瓷等材料。通常用的灯座如 E27 是最普通的节能灯螺口灯座，而配合日光灯的灯座通常称为 T8 灯座或 T5 灯座。另根据使用环境，有的灯座防护级高达 IP68。

（7）灯具的安装高度

室外一般不低于 3 m；室内一般不低于 2.4 m；特殊情况，采取相应保护措施或改用 36 V 安全电压。

（8）灯具的安装

吊灯灯具质量超过 3 kg 时应预埋吊钩或螺栓。软线吊灯质量不超过 1 kg，否则应加装吊链。安装好的吊灯规定离地面 2.5 m 或成人伸手向上碰不到为准,且灯头线不宜打结。

(9)灯座的接线方法

相线接灯座中心点、中性线接灯座螺纹圈。

(10)图形符号及文字符号

普通灯具的图形符号及文字符号如图 1-27 所示。

3. DZ47LE 系列漏电断路器

(1)主要用途与使用范围

DZ47LE 过压保护断路器适用于交流 50 Hz、单相 220 V 的线路中。当发生过压时自动切断电源,保障人身安全和防止设备因过电压造成的事故,也可作为保护线路的过载及漏电保护之用,以及在正常情况下作为线路的不频繁转换之用。

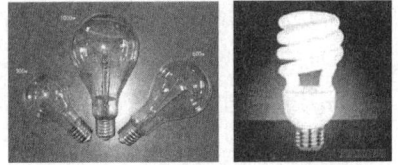

EL

图 1-27 普通灯具

(2)正常工作条件和工作环境

①周围空气温度 −5 ~ 40 ℃,24 h 内平均不超过 35 ℃。

②海拔高度:安装地点的海拔高度不超过 2 000 m。

③大气条件:安装地点的空气相对湿度在高温 40 ℃时不超过 50% ,在最湿月的平均温度不超过 20 ℃,相对湿度不超过 90% 。

④安装类别:Ⅱ,Ⅲ级。

⑤污染等级:2 级。

⑥安装形式:采用 TH35 型钢安装轨安装。

⑦安装条件:安装场所的外磁场任何方向均不应超过地磁场的 5 倍;断路器一般应垂直安装,手柄向上为接通电源位置;安装处应无显著冲击和振动。

⑧接线方法:用螺钉压紧接线。

(3)主要技术参数

①额定电压 U_n(V):单级两线、两极为 230。

②额定电流 I_n(A):6,10,16,20,25,32,40,50,60(63)。

③壳架等级额定电流 I_n(A):40,63。

④额定短路分断能力 I_m(A):6 000。

⑤过压保护值 U_{V0}:285 V ±5 V 。

⑥额定剩余动作电流 $I_{\Delta n}$(A):0.03。

⑦额定剩余不动作电流 $I_{\Delta n}$(A):$0.5I_{\Delta n}$。

⑧额定剩余接通和分断能力 I_m(A):2 000。

⑨额定剩余电流动作的分断时间见表 1-7。

表 1-7　额定剩余电流动作的分断时间

I_n/A	$I_{\Delta n}$/mA	最大剩余电流分断时间/s			
		$I_{\Delta n}$	$2I_{\Delta n}$	$5I_{\Delta n}$	$I_{\Delta t}$
6～63	30	0.3	0.15	0.04	0.04

⑩过流保护特性见表 1-8。

表 1-8　过流保护特性

序　号	额定电流 I_n/A	起始状态	实验电流 /A	规定时间 t /h,s	预期结果	备　注
1	所有值	冷态	$1.13I_n$	$t \geqslant 1\text{ h}$	不脱扣	
2	所有值	紧接前项试验后进行	$1.45I_n$	$t < 1\text{ h}$	脱扣	电流在 5 s 内稳定上升至规定值
3	$I_n \leqslant 32$	冷态	$2.55I_n$	$1\text{ s} < t < 60\text{ s}$	脱扣	
4	$I_n > 32$	冷态	$2.55I_n$	$1\text{ s} < t < 120\text{ s}$	脱扣	
5	所有值	冷态	$3I_n$	$t \geqslant 0.1\text{ s}$	不脱扣	B 型
			$5I_n$	$t < 0.1\text{ s}$	脱扣	
			$5I_n$	$t \geqslant 0.1\text{ s}$	不脱扣	C 型
			$10I_n$	$t < 0.1\text{s}$	脱扣	
			$10I_n$	$t \geqslant 0.1\text{ s}$	不脱扣	D 型
			$14I_n$	$t < 0.1\text{ s}$	脱扣	

⑪机械电气寿命:2 000 次,$\cos \varphi = 0.7$;机械寿命:4 000 次。

⑫绝缘耐冲击电压性能:其相线极与中性极之间能承受峰值为 6 000 V 的冲击电压。

(4)断路器的安装

①安装时应检查铭牌及标志上的基本技术数据是否符合要求。

②检查断路器,并人工操作几次,动作应灵活,确认完好无损,才能进行安装。

③断路器应垂直安装,使手柄在下方,手柄向上的位置是动触头闭合位置。

(5)断路器的使用

①要闭合过压保护断路器,将手柄朝 ON 箭头方向往上推;要分断,将手柄朝 OFF 箭头方向往下拉。

②断路器的过载、短路、过电压保护特性均由制造厂整定,使用中不能随意拆开调节。

③断路器运行一定时期(一般为 1 个月)后,需要在闭合通电状态下按动实验按钮,检查过电压保护性能是否正常可靠(每按一次实验按钮,断路器均应分断一次),失常时应卸下更换或维修。

(6)图形符号及文字符号

断路器的图形符号及文字符号如图 1-28 所示。

4.安装接线图绘制及讲解

安装接线图如图 1-29 所示。

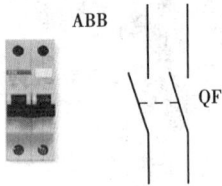

图 1-28　断路器

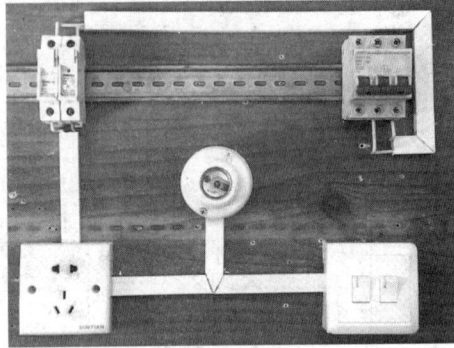

图 1-29　安装接线图

五、操作步骤

1.元件安装

2.线路连接

3.通电试车(线路通电试验操作)

(1)通电操作

1)通电前检查

①先用万用表检测所接电路是否正常。

②通电前将负载开关、电源开关处于断开(OFF)位置,然后向老师报告,提出通电操作申请。

老师同意后,在老师监护下方可进行下一步操作。

2)通电过程

①安装电源线。

a.接保护线(PE 线)。

b.接零线(N 线)。

c.接相线(U/V/W)。

②通电操作。

a.送电源总开关。

b.送电源分开关。

c.送负载开关,观察通电情况、留意控制过程,理解控制原理。

（2）断电操作

1）异常故障情况

通电操作中,如发现异常,须第一时间按下急停按钮,切断电源,拆除电源线后,再查找原因。

2）正常断电操作

①分断负载开关。

②分断电源分开关。

③断开电源总开关。

3）拆除电源线

断电后,先进行验电,确保没有电的情况下进行以下操作：

①拆相线（U/V/W）。

②拆除零线（N 线）。

③拆除保护线（PE 线/黄绿双色线）。

④必须检查电源全部线路的拆除情况（含不同地点接地线）,确保无误后方可进行下一工作任务。

4. 故障分析及排除

5. 清理工具、工程垃圾,收集剩余材料

六、实训结果记录与评价

工作任务评价表见附表一。

任务三　二控二照明线路的安装

一、任务描述

在现实的生活、生产中,生活场所和工作场所有大量的照明线路需要安装与检修,这些工作是需要依照安装标准和安全规程来完成的。

操作者接到照明线路的安装与检修任务后,根据任务要求,准备工具和材料,做好现场准备工作,严格遵守作业规范进行施工,安装完毕后进行自检,填写相关表格并交付相关部门验收（或口头反馈给用户）。按照现场管理规范清理场地、归置物品。

二、课时安排

12 课时。

三、学习目标

①能根据控制要求设计电路原理图。
②合理布置和安装电气元件。
③根据电气原理图进行布线。
④按安装原则和控制要求进行开关的串、并联接线。

四、工作准备

（一）工具、设备、器材、资料的准备

1. 工具、设备的准备

为完成工作任务,每个工作小组需要向仓库工作人员提供借用工具、设备清单,见表 1-9。

表 1-9　借用工具、设备清单

序　号	名　　称	数　量	借出时间	学生签名	归还时间	学生签名	管理员
1	验电笔	1					
2	钢丝钳	1					
3	尖嘴钳	1					
4	断线钳	1					
5	剥线钳	1					
6	螺丝刀	1					
7	电工刀	1					
8	斜口钳	1					
9	压线钳	1					
10	万用表	1					
11	冲击钻	1					
12	劳保用品	1					

2. 材料的准备

为完成工作任务,每个工作小组需要向仓库工作人员提供借用材料清单,见表 1-10。

表1-10　借用材料清单

序　号	名　称	数　量	借出时间	学生签名	归还时间	学生签名	管理员
1	空气断路器 DZ47-60	1					
2	一位开关	1					
3	平灯座(螺口)	1					
4	白炽灯泡(螺口)	1					
5	元件盒(螺丝、胶粒)	1					
6	导线	50 m					
7	绝缘材料	若干					
8	标签	若干					
9	绑扎带	若干					

3.资料的准备

为完成工作任务,每个工作小组需要向仓库工作人员提供借用资料清单,见表1-11。

表1-11　借用资料清单

序　号	名　称	数　量	借出时间	学生签名	归还时间	学生签名	管理员
1	图纸	1					
2	说明书	1					
3	维修记录	1					
4	电业安全操作规程	1					
5	电工手册	1					
6	电气安装施工规范	1					

(二)相关理论知识的准备

1.节能灯

节能灯又称为省电灯泡、电子灯泡、紧凑型荧光灯及一体式荧光灯,是指将荧光灯与镇流器(安定器)组合成一个整体的照明设备。节能灯的尺寸与白炽灯相近,与灯座的接口也和白炽灯相同,因此可以直接替换白炽灯。节能灯的光效比白炽灯高得多,同样照明条件下,前者所消耗的电能要少得多,因此被称为节能灯。

(1)节能灯结构

主要是由"上部灯头结构"以及"底部灯管结构"组成。在该结合结构的内部由一节能电子镇流器组成。其特征是在上结合结构部与节能电子镇流器的空间下方,增设一隔板结构,而在下结合结构部设一增长区段空腔结构,并在该段增长空腔结构外壁周围,环设多个通孔,用于多元隔热、分流、散热,确保节能灯正常使用寿命。

（2）节能灯外形规格

节能灯因灯管外形不同，分为 U 型管、螺旋管和直管型 3 种，如图 1-30 所示。

图 1-30　节能灯的外形图

1）U 型管节能灯

管形有 2U,3U,4U,5U,6U,8U 等多种，功率为 3～240 W 等多种规格。

2U,3U 节能灯，管径 9～14 mm,功率一般为 3～36 W,主要用于民用和一般商业环境照明。在使用方式上，用来直接替代白炽灯。

4U,5U,6U,8U 节能灯，管径 12～21 mm,功率一般为 45～240 W,主要用于工业、商业环境照明。在使用方式上，用来直接替代白炽灯。

2）螺旋管节能灯

螺旋灯管直径，分 $\phi9,\phi12,\phi14.5,\phi17$ 等。

螺旋环圈（用 T 表示）数有:2T,2.5T,3T,3.5T,4T,4.5T,5T 等多种，功率为 3～240 W等多种规格。

3）支架节能灯

T4,T5 直管型节能灯。功率分为:8 W,14 W,21 W,28 W。广泛应用于民用、工业、商业环境照明。可用来直接替代 T8 直管型日光灯。

2.开关的串、并联

（1）开关的串联

开关的串联如图 1-31 所示。

（2）开关的并联

开关的并联如图 1-32 所示。

3.线路原理图绘制及讲解

线路原理图如图 1-33 所示。

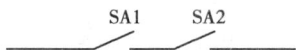

图 1-31　开关的串联　　　图 1-32　开关的并联　　　图 1-33　线路原理图

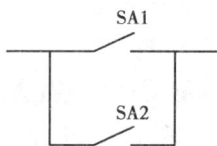

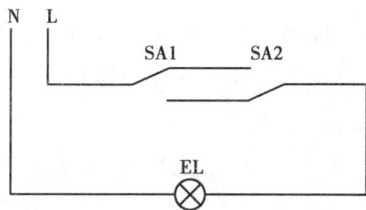

4.安装接线图测绘及讲解

安装接线图如图1-34所示。

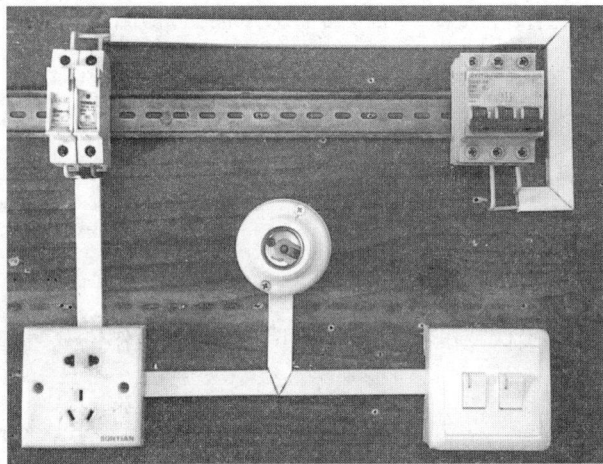

图1-34　安装接线图

五、操作步骤

1.元件安装

2.线路连接

3.通电试车(线路通电试验操作)

(1)通电操作

1)通电前检查

①先用万用表检测所接电路是否正常。

②通电前将负载开关、电源开关处于断开(OFF)位置,然后向老师报告,提出通电操作申请。老师同意后,在老师监护下方可进行下一步操作。

2)通电过程

①安装电源线。

a.接保护线(PE线)。

b.接零线(N线)。

c.接相线(U/V/W)。

②通电操作。

a.送电源总开关。

b.送电源分开关。

c.送负载开关,观察通电情况,留意控制过程,理解控制原理。

（2）断电操作

1）异常故障情况

通电操作中,如发现异常,须第一时间按下急停按钮,切断电源,拆除电源线后,再查找原因。

2）正常断电操作

①分断负载开关。

②分断电源分开关。

③断开电源总开关。

3）拆除电源线

断电后,先进行验电,确保在没有电的情况下进行以下操作:

①拆相线（U/V/W）。

②拆除零线（N 线）。

③拆除保护线（PE 线/黄绿双色线）。

④必须检查电源全部线路的拆除情况（含不同地点接地线）,确保无误后方可进行下一工作任务。

4.故障分析及排除

5.清理工具、工程垃圾,收集剩余材料

六、实训结果记录与评价

工作任务评价表见附表一。

任务四　二控一照明线路的安装

一、任务描述

用一只单联开关来控制楼道口的灯,无论是装在楼上还是楼下,开灯和关灯都不方便。装在楼下,上楼时开灯方便,到楼上就无法关灯;反之,装在楼上同样不方便。因此,为了方便和节约用电,就在楼上、楼下各装一只双联开关来同时控制楼道口的这盏灯,这就是用两只双联开关控制一只白炽灯电路。

学会使用双联开关;设计两地控制电路原理图;合理布置、安装电气元件;根据电气原理图进行布线。

二、课时安排

12 课时。

三、学习目标

①能根据控制要求设计两地控制电路原理图。
②学会使用双联开关,按控制要求进行双联开关的安装和接线。

四、工作准备

(一)工具、设备、器材、资料的准备

1. 工具、设备的准备

为完成工作任务,每个工作小组需要向仓库工作人员提供借用工具、设备清单,见表1-12。

表1-12 借用工具、设备清单

序 号	名 称	数 量	借出时间	学生签名	归还时间	学生签名	管理员
1	验电笔	1					
2	钢丝钳	1					
3	尖嘴钳	1					
4	断线钳	1					
5	剥线钳	1					
6	螺丝刀	1					
7	电工刀	1					
8	斜口钳	1					
9	压线钳	1					
10	万用表	1					
11	冲击钻	1					
12	劳保用品	1					

2. 材料的准备

为完成工作任务,每个工作小组需要向仓库工作人员提供借用材料清单,见表1-13。

表1-13　借用材料清单

序　号	名　　称	数　量	借出时间	学生签名	归还时间	学生签名	管理员
1	空气断路器 DZ47-60	1					
2	双联开关	1					
3	平灯座(螺口)	1					
4	白炽灯泡(螺口)	1					
5	元件盒(螺丝、胶粒)	1					
6	导线	50 m					
7	绝缘材料	若干					
8	标签	若干					
9	绑扎带	若干					

3.资料的准备

为完成工作任务,每个工作小组需要向仓库工作人员提供借用资料清单,见表1-14。

表1-14　借用资料清单

序　号	名　　称	数　量	借出时间	学生签名	归还时间	学生签名	管理员
1	图纸	1					
2	说明书	1					
3	维修记录	1					
4	电业安全操作规程	1					
5	电工手册	1					
6	电气安装施工规范	1					

(二)相关理论知识

1.单联开关与双联开关的区别

单联开关特点:通与断;双联开关特点:上通下断或下通上断。

单联开关只作为灯的一个地点控制通断作用;双联开关可作为两地分别可控制灯通断作用。

双联单控——组合在一起的两个单开,控制两个点位灯光;双联双控——又分单联双控和双联双控,多用于两个位置对一个点位灯光开关的控制,或两个点位灯光开关的控制,常用于楼梯间。

2.双联开关的结构

单联开关与双联开关的结构如图1-35所示。

单联开关　　　　　　　　双联开关

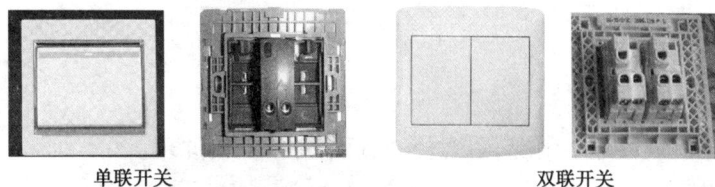

图 1-35　单联开关与双联开关的结构图

双联开关有 3 个接线端,其中接线端 L 为连接铜片(简称连片),它就像一个活动的桥梁一样,无论怎样拨动开关,连片 L 总要跟接线端 L1,L2 中的任一个保持接触,从而达到控制电路通或者断的目的。

3.双联开关的接线

(1)图形符号及文字符号

双联开关的图形符号及文字符号如图 1-36 所示。

(2)典型接线

双联开关的原理如图 1-37 所示。

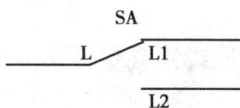

图 1-36　双联开关

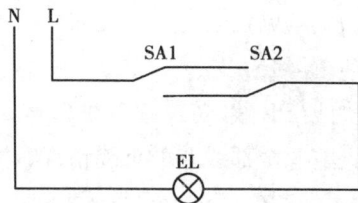

图 1-37　双联开关的原理图

五、操作步骤

1.元件安装

2.线路连接

3.通电试车(线路通电试验操作)

(1)通电操作

1)通电前检查

①先用万用表检测所接电路是否正常。

②通电前将负载开关、电源开关处于断开(OFF)位置,然后向老师报告,提出通电操作申请。老师同意后,在老师监护下方可进行下一步操作。

2)通电过程

①安装电源线。

a.接保护线(PE 线)。

b.接零线(N 线)。

c.接相线(U/V/W)。

②通电操作。

a. 送电源总开关。

b. 送电源分开关。

c. 送负载开关,观察通电情况,留意控制过程,理解控制原理。

(2)断电操作

1)异常故障情况

通电操作中,如发现异常,须第一时间按下急停按钮,切断电源,拆除电源线后,再查找原因。

2)正常断电操作

①分断负载开关。

②分断电源分开关。

③断开电源总开关。

3)拆除电源线

断电后,先进行验电,确保没有电的情况下进行以下操作:

①拆相线(U/V/W)。

②拆除零线(N 线)。

③拆除保护线(PE 线/黄绿双色线)。

④必须检查电源全部线路的拆除情况(含不同地点接地线),确保无误后方可进行下一工作任务。

4. 故障分析及排除

5. 清理工具、工程垃圾,收集剩余材料

六、实训结果记录与评价

工作任务评价表见附表一。

七、拓展知识

按二控一要求设计其他类型的两地控制照明线路。

任务五　综合照明线路的安装与维修

一、任务描述

学会使用各种类型开关、灯具等电气元件,根据要求设计电气原理图,并进行布线。

二、课时安排

12 课时。

三、学习目标

①掌握各种类型开关的安装接线方法和控制要求。
②掌握各种灯具的安装接线方法。
③能根据控制要求设计电路原理图。
④掌握电气元件的布置和布线方法。

四、工作准备

（一）工具、设备、器材、资料的准备

1. 工具、设备的准备

为完成工作任务,每个工作小组需要向仓库工作人员提供借用工具、设备清单,见表1-15。

表 1-15　借用工具、设备清单

序　号	名　　称	数　量	借出时间	学生签名	归还时间	学生签名	管理员
1	验电笔	1					
2	钢丝钳	1					
3	尖嘴钳	1					
4	断线钳	1					
5	剥线钳	1					

续表

序　号	名　　称	数　量	借出时间	学生签名	归还时间	学生签名	管理员
6	螺丝刀	1					
7	电工刀	1					
8	斜口钳	1					
9	压线钳	1					
10	万用表	1					
11	冲击钻	1					
12	劳保用品	1					

2. 材料的准备

为完成工作任务,每个工作小组需要向仓库工作人员提供借用材料清单,见表1-16。

表1-16　借用材料清单

序　号	名　　称	数　量	借出时间	学生签名	归还时间	学生签名	管理员
1	空气断路器 DZ47-60	1					
2	一位开关	1					
3	平灯座(螺口)	1					
4	白炽灯泡(螺口)	1					
5	元件盒(螺丝、胶粒)	1					
6	导线	50 m					
7	绝缘材料	若干					
8	标签	若干					
9	绑扎带	若干					

3. 资料的准备

为完成工作任务,每个工作小组需要向仓库工作人员提供借用资料清单,见表1-17。

表1-17　借用资料清单

序　号	名　　称	数　量	借出时间	学生签名	归还时间	学生签名	管理员
1	图纸	1					
2	说明书	1					
3	维修记录	1					
4	电业安全操作规程	1					
5	电工手册	1					
6	电气安装施工规范	1					

（二）相关理论知识的准备

1.特殊开关的简介

（1）声光控延时开关

用声光控延时开关代替住宅小区的楼道上的开关,只有在天黑以后,当有人走过楼梯通道,发出脚步声或其他声音时,楼道灯会自动点亮,提供照明;当人们进入家门或走出公寓,楼道灯延时几分钟后会自动熄灭。在白天,即使有声音,楼道灯也不会亮,可以达到节能的目的。声光控延时开关不仅适用于住宅区的楼道,而且也适用于工厂、办公楼、教学楼等公共场所,它具有体积小、外形美观、制作容易、工作可靠等优点。如图1-38所示。

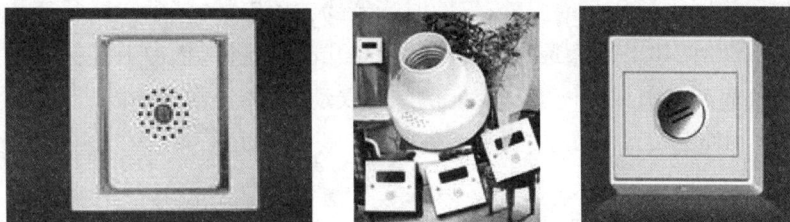

图1-38　声光控延时开关

声光控延时开关的分类:

①可控硅输出型,只适用于控制白炽灯等阻性负载。

②继电器输出型,适用于所有负载。

（2）人体红外感应开关

基于红外线技术的自动控制产品,当有人进入开关感应范围时,专用传感器探测到人体红外光谱的变化,开关自动接通负载,人不离开感应范围,开关将持续接通;人离开后,开关延时自动关闭负载。人到灯亮,人离灯熄,亲切方便,安全节能。如图1-39所示。

图1-39　人体红外感应开关

1）功能特点:

①全自动感应:人来开关立即接通,人离开后延时自动关闭。

②无触点电子开关:接通负载的瞬间无大的冲击电流,延长负载使用寿命。

③自动测光:应用光电控制,光线强时不感应(出厂设置)。

④自动随机延时(可持续延时方式):人在感应范围活动,开关始终接通,直到人离开后

才自动关闭(可选不连续延时方式)。

⑤延时时间可调整:16～350 s(也可根据用户要求订做,订做范围零点几秒至320 min)。

2)适用范围

①楼宇建筑:走廊、楼道、卫生间、地下室、仓库、车库等场所的自动照明、排气扇的自动抽风以及其他电器的自动控制等功能。

②防盗:安装在室内和阳台等位置,起到防范窃贼入侵的作用。

③幼儿房间:幼儿从睡梦中醒来有活动时,灯自动打开,消除幼儿的恐惧心理。

3)注意事项

①安装位置应距光源0.5 m以外,安装时一定要关闭电源,严禁短路和过载。

②刚接入电源时,如果环境光线强会自动闪亮几次,后进入正常工作状态。

③突然遇气温和气流或电网电压突变偶尔有误动作,属正常现象。

(3)微电脑时控开关

1)特点

①理想的节能、延长照明器件的使用寿命。应在天暗时定时自动打开,半夜时用定时自动关闭。是路灯、灯箱、霓虹灯、生产设备、农业养殖、仓库排风除湿、自动预热、广播电视等最理想的控制产品。

②内置可充电电池、外置电池开关,高精度,工业级芯片,强抗干扰。如图1-40所示。

2)接线方法

微电脑时控开关的接线方法,如图1-41所示。

①图1-41(a)为直接控制方式。

②图1-41(b)控制接触器、线圈电压为220 VAC/50 Hz。

③图1-41(c)控制接触器、线圈电压为380 VAC/50 Hz。

图1-40 微电脑时控开关

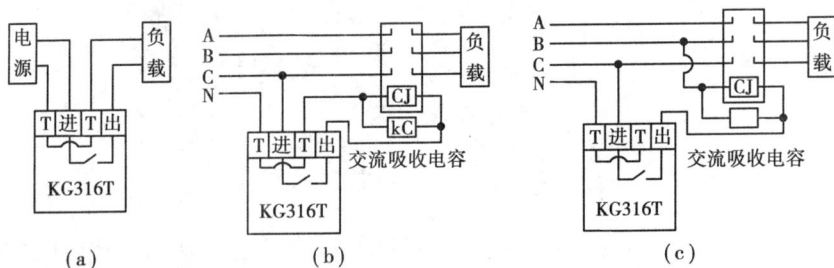

图1-41 微电脑时控开关接线方法

3)注意事项

①为防强电流下触点发热,接线时务必拧紧接线柱的螺钉。

②控制器进线220 VAC/50～60 Hz电源,切勿接到380 VAC。

③控制器红灯亮有电进入,红绿灯同时亮开关有电输出。

④设定的时间,不能交叉设定,应按时间的顺序设定。

2.LED 灯的简介

LED 是英文 light emitting diode(发光二极管)的缩写,它的基本结构是一块电致发光的半导体材料,置于一个有引线的架子上,然后四周用环氧树脂密封,起到保护内部芯线的作用,因此 LED 的抗震性能好。

(1)LED 的结构及发光原理

20 世纪 60 年代人们已经了解半导体材料可产生光线的基本知识,第一个商用二极管产生于 1960 年。发光二极管的核心部分是由 P 型半导体和 N 型半导体组成的晶片,在 P 型半导体和 N 型半导体之间有一个过渡层,称为 PN 结。在某些半导体材料的 PN 结中,注入的少数载流子与多数载流子复合时会把多余的能量以光的形式释放出来,从而把电能直接转换为光能。PN 结加反向电压,少数载流子难以注入,故不发光。这种利用注入式电致发光原理制作的二极管叫发光二极管,通称 LED,如图 1-42 所示。当它处于正向工作状态时(即两端加上正向电压),电流从 LED 阳极流向阴极时,半导体晶体就发出从紫外到红外不同颜色的光线,光的强弱与电流有关。高光效、低光衰大功率 LED,已广泛应用于路灯、工矿灯、隧道灯、射灯、日光灯等诸多照明领域,深受业界一致好评。

①采用固态半导体器件晶片自主封装,发光效率高,1 W 的亮度可达到普通日光灯 3 W 的效果,节约 60% 的电量,具有良好的光衰表现,耐高温 PC 塑料材料精制。

②较低的 V_f 值(3.1～3.5 V),可降低耗散功率减少发热量,延长 LED 的工作时间。

③采用独创的环氧树脂封装工艺以电子的形式发出能量,正白和暖白的流明值可做到差不多。产品无光斑色圈、显色高,一致性好。

④透镜经过特殊方法处理保证不会掉落。

⑤用途。

LED 路灯;LED 射光;LED 灯饰;LED 射灯;大功率 60 W,80 W,120 W,160 W,180 W LED 装饰灯;LED 照明灯;LED 工矿灯;LED 照明;LED 舞台灯。

(2)LED 光源的特点

LED 光源如图 1-43 所示,其特点如下:

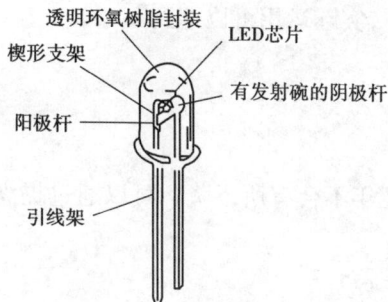

图 1-42　发光二极管的构造图　　　　图 1-43　LED 光源

①电压:LED 使用低压电源,供电电压为 6~24 V,根据产品不同而异,因此它是一个比使用高压电源更安全的电源,特别适用于公共场所。

②效能:消耗能量较同光效的白炽灯减少80%。

③适用性:形状很小,每个单元 LED 小片是 3~5 mm² 的正方形,因此可以制备成各种形状的器件,并且适合于易变的环境。

④稳定性:10 万 h,光衰为初始的50%。

⑤响应时间:其白炽灯的响应时间为毫秒级,LED 灯的响应时间为纳秒级。

⑥对环境污染:无有害金属汞。

⑦颜色:改变电流可以变色,发光二极管可方便地通过化学修饰方法,调整材料的能带结构和带隙,实现红黄绿蓝橙多色发光。如小电流时为红色的 LED,随着电流的增加,可以依次变为橙色、黄色,最后为绿色。

⑧价格:LED 的价格比较昂贵,较之于白炽灯,几只白炽灯的价格就可以与一只 LED 灯的价格相当,而通常每组信号灯需由 300~500 只二极管构成。

⑨驱动:LED 使用低压直流电即可驱动,具有负载小、干扰弱的优点,对使用环境要求较低。

⑩显色性高:LED 的显色性高,不会对人的眼睛造成伤害。

(3)单色光 LED 的应用

最初 LED 用作仪器仪表的指示光源,后来各种光色的 LED 在交通信号灯和大面积显示屏中得到了广泛应用,产生了很好的经济效益和社会效益。以 12 英寸的红色交通信号灯为例,在美国本来是采用长寿命,低光效的 140 W 白炽灯作为光源,它产生 2 000 lm 的白光。经红色滤光片后,光损失90%,只剩下 200 lm 的红光。而在新设计的灯中,Lumileds 公司采用了 18 个红色 LED 光源,包括电路损失在内,共耗电 14 W,即可产生同样的光效。汽车信号灯也是 LED 光源应用的重要领域。1987 年,我国开始在汽车上安装高位刹车灯,由于 LED 响应速度快(纳秒级),可以及早让尾随车辆的司机知道行驶状况,减少汽车追尾事故的发生。另外,LED 灯在室外红、绿、蓝全彩显示屏,匙扣式微型电筒等领域都得到了应用。

(4)新霓虹灯与 LED 灯优缺点的比较和竞争

①LED 光源有 100 000 h 寿命吗?

按光衰7%,实际只有约 50 000 h。按光衰3%,实际运用可以达到 80 000 h。

②LED 不会发热吗?

会,需散热。

③LED 可取代白炽灯吗?

光通量、光效和显色性可以,但目前太贵且近几年不会有所下降。可以通过提高产品的光通量从而降低替换白炽灯的成本。

④LED 可作普通光源简单地使用吗?

不行,要驱动电源、光学和热传导配合。

⑤两种光源性能和优点比较。

霓虹灯的优势已被 LED 覆盖,但 LED 灯目前价格太高。

⑥两种光源的电源比较。

LED 低压好,但防水性差和载电流过大。大颗粒 1 W 的 LED 单灯输入电流在 350 mA。

⑦两种光源的控制技术比较。

LED 易实现,但霓虹灯成熟。

⑧两种光源的稳定性比较。

LED 不一致性大,霓虹灯相当稳定。少数产家可以做到相对稳定,比如用 CREE 跟 AOD 芯片相结合,取各自芯片的优点。

⑨两种光源的价格比较。

LED 较贵,但黄色和红色价格已相当,主要贵的是 LED 白光。

⑩两种光源户外使用比较。

LED 防水性差是户外使用的致命弱点。

⑪两种光源目前市场的比较。

全球照明产品年产值 420 亿美元(中国 150 亿美元),LED 光源现比例小于 1%。

(5)LED 的节能

①LED 光源发光效率高。

发光效率比较:白炽灯、卤钨灯光效为 12 ~ 24 lm/W、荧光灯 50 ~ 70 lm/W、钠灯 90 ~ 140 lm/W、大部分的耗电变成热量损耗。

LED 光效:可发到 50 ~ 200 lm/W,而且发光的单色性好,光谱窄,无需过滤,可直接发出有色可见光。

②LED 光源耗电量少。

LED 单管功率为 0.03 ~ 0.06 W,采用直流驱动,单管驱动电压为 1.5 ~ 3.5 V,电流为 15 ~ 18 mA。反应速度快,可在高频操作,用在同样照明效果的情况下,耗电量是白炽灯的万分之一,荧光管的二分之一。据日本估计,如采用光效比荧光灯还要高两倍的 LED 替代日本一半的白炽灯和荧光灯,每年可节约相当于 60 亿 L 原油,同样效果的一支日光灯 40 多瓦,而采用 LED 每支的功率只有 8 W。

③LED 光源使用寿命长。

白炽灯、荧光灯、卤钨灯是采用电子光场辐射发光,灯丝发光易烧、热沉积、光衰减等特点,而采用 LED 灯体积小,质量轻,环氧树脂封装,可承受高强机械冲击和震动,不易破碎,平均寿命达 10 万小时,LED 灯具使用寿命可达 5 ~ 10 年,可以大大降低灯具的维护费用,避免经常换灯之苦。

④LED 光源安全可靠性强。

发热量低、无热辐射性、冷光源,可以安全地摸,能精确控制光型及发光角度、光色柔和、无眩光,不含汞、钠元素等可能危害健康的物质。

⑤LED 光源有利环保。

LED 为全固体发光体、耐冲击不易破碎、废弃物可回收、没有污染、减少大量二氧化硫及氮化物等有害气体以及二氧化碳等温室气体的产生,改善人们生活居住环境,被称为"绿色照明光源"。

生产 LED 白光技术目前有 3 种:

a. 利用三基色原理和目前已能生产的红、绿、蓝 3 种超高亮度 LED 按光强 1∶2∶0.38 比例混合而成白色。

b. 利用超高度 InGan 蓝色 LED,其管总上加少许的钇钻石榴为主体的荧光粉,它能在蓝光激发下产生黄绿光,而此黄绿光又可与透出的蓝光合成白光。

c. 不可制紫外光 LED,采用紫外光激三基色荧光粉或其他荧光粉,产生多色混合而成的白光。

⑥节能是考虑使用 LED 光源的最主要原因,也许 LED 光源要比传统光源昂贵,但是用一年时间的节能收回光源的投资,从而获得 4~9 年中每年几倍的节能净收益期。

五、操作步骤

1. 元件安装

2. 线路连接

3. 通电试车(线路通电试验操作)

(1) 通电操作

1) 通电前检查

①先用万用表检测所接电路是否正常。

②通电前将负载开关、电源开关处于断开(OFF)位置,然后向老师报告,提出通电操作申请。老师同意后,在老师监护下方可进行下一步操作。

2) 通电过程

①安装电源线。

a. 接保护线(PE 线)。

b. 接零线(N 线)。

c. 接相线(U/V/W)。

②通电操作。

a. 送电源总开关。

b. 送电源分开关。

c. 送负载开关,观察通电情况、留意控制过程,理解控制原理。

(2) 断电操作

1) 异常故障情况

通电操作中,如发现异常,须第一时间按下急停按钮,切断电源,拆除电源线后,再查找原因。

2）正常断电操作

①分断负载开关。

②分断电源分开关。

③断开电源总开关。

3）拆除电源线

断电后,先进行验电,确保在没有电的情况下进行以下操作:

①拆相线(U/V/W)。

②拆除零线(N线)。

③拆除保护线(PE线/黄绿双色线)。

④必须检查电源全部线路的拆除情况(含不同地点接地线),确保无误后方可进行下一工作任务。

4.故障分析及排除

5.清理工具、工程垃圾,收集剩余材料

六、实训结果记录与评价

工作任务评价表见附表一。

七、技能拓展

电路设计

仔细观察按控制要求来设计电路的电气材料,如图1-44所示。

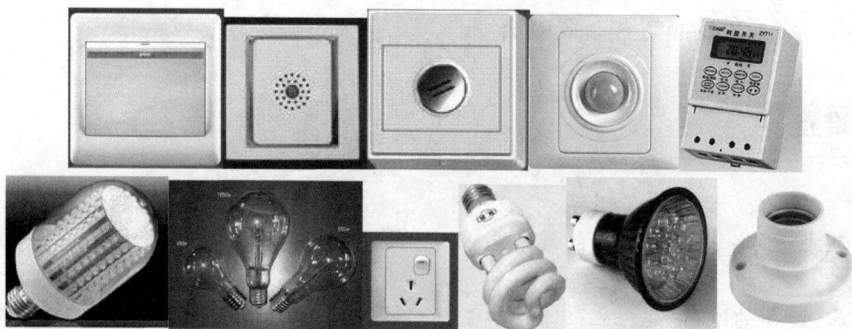

图1-44 电气材料

控制要求:

①普通一位开关控制射灯。

②可控硅型声光控开关控制白炽灯泡,继电器型声光控开关控制节能灯泡。

③红外人体感应开关控制白炽灯。

④微电脑时控开关控制 LED 灯泡。

课题反思:

①请叙述您见过的新型的开关、灯具还有哪些? 接线有什么不同?

②简述 LED 灯的应用。

任务六　常见室内线路的安装与维修

一、任务描述

学会插座和日光灯的接线,合理布置、安装电气元件,根据电气原理图进行布线。

二、课时安排

12 课时。

三、学习目标

①掌握插座和日光灯的安装接线方法和控制要求。

②能根据控制要求设计电路原理图。

③掌握电气元件的布置和布线方法。

四、工作准备

(一)工具、设备、器材、资料的准备

1. 工具、设备的准备

为完成工作任务,每个工作小组需要向仓库工作人员提供借用工具、设备清单,见表 1-18。

2. 材料的准备

为完成工作任务,每个工作小组需要向仓库工作人员提供借用材料清单,见表 1-19。

表 1-18 借用工具、设备清单

序 号	名 称	数 量	借出时间	学生签名	归还时间	学生签名	管理员
1	验电笔	1					
2	钢丝钳	1					
3	尖嘴钳	1					
4	断线钳	1					
5	剥线钳	1					
6	螺丝刀	1					
7	电工刀	1					
8	斜口钳	1					
9	压线钳	1					
10	万用表	1					
11	冲击钻	1					
12	劳保用品	1					
13	万用表	1					

表 1-19 借用材料清单

序 号	名 称	数 量	借出时间	学生签名	归还时间	学生签名	管理员
1	漏电保护开关	1					
2	一位开关	1					
3	平灯座(螺口)	1					
4	日光灯管	1					
5	元件盒(螺丝、胶粒)	1					
6	导线	50 m					
7	绝缘材料	若干					
8	标签	若干					
9	绑扎带	若干					
10	电度表	1					
11	日光灯支架	1					
12	插座	1					

3. 资料的准备

为完成工作任务,每个工作小组需要向仓库工作人员提供借用资料清单,见表1-20。

表1-20　借用资料清单

序　号	名　　称	数　量	借出时间	学生签名	归还时间	学生签名	管理员
1	图纸	1					
2	说明书	1					
3	维修记录	1					
4	电业安全操作规程	1					
5	电工手册	1					
6	电气安装施工规范	1					

(二)相关理论知识的准备

1. 单相电度表的工作原理

电度表是利用电压和电流线圈在铝盘上产生的涡流与交变磁通相互作用产生电磁力,使铝盘转动,同时引入制动力矩,使铝盘转速与负载功率成正比,通过轴向齿轮传动,由计度器积算出转盘转数而测定出电能。电度表主要是由电压线圈、电流线圈、转盘、转轴、制动磁铁、齿轮、计度器等组成,如图1-45所示。

2. 单相电度表直接接线

单相电度表共有5个接线端子,其中1,2两个端子在表的内部用连片短接,因此,单相电度表的外接端子只有4个,即1,3,4,5号端子。由于电度表的型号不同,各类型的电度表在铅封盖内都有4个端子的接线。如图1-46所示。

图1-45　单相电度表

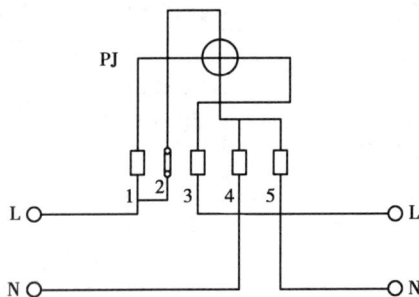

图1-46　单相电度表的接线

如果负载的功率在电度表允许的范围内,即流过电度表电流线圈的电流不至于导致线圈烧毁,那么就可以采用直接接入法(线路中如有总电源开关,应接在电度表后面)。

3.用电安全技术简介

(1)低压配电系统

低压配电系统是电力系统的末端,分布广泛,几乎遍及建筑的每一角落,平常使用最多的是 380/220 V 的低压配电系统。从安全用电等方面考虑,低压配电系统有 3 种接地形式:IT 系统、TT 系统、TN 系统。TN 系统又分为 TN-S 系统、TN-C 系统、TN-C-S 系统 3 种形式。

1)IT 系统

IT 系统就是电源中性点不接地,用电设备外壳直接接地的系统,如图 1-47 所示。IT 系统中,连接设备外壳可导电部分和接地体的导线,就是 PE 线。

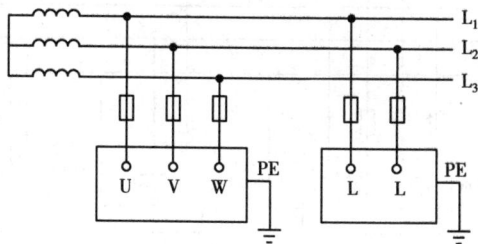

图 1-47　IT 接地

2)TT 系统

TT 系统就是电源中性点直接接地,用电设备外壳也直接接地的系统,如图 1.6.4 所示。通常将电源中性点的接地称为工作接地,而设备外壳接地称为保护接地。TT 系统中,这两个接地必须是相互独立的。设备接地可以是每一设备都有各自独立的接地装置,也可以若干设备共用一个接地装置,图 1-48 所示中单相设备和单相插座就是共用接地装置的。

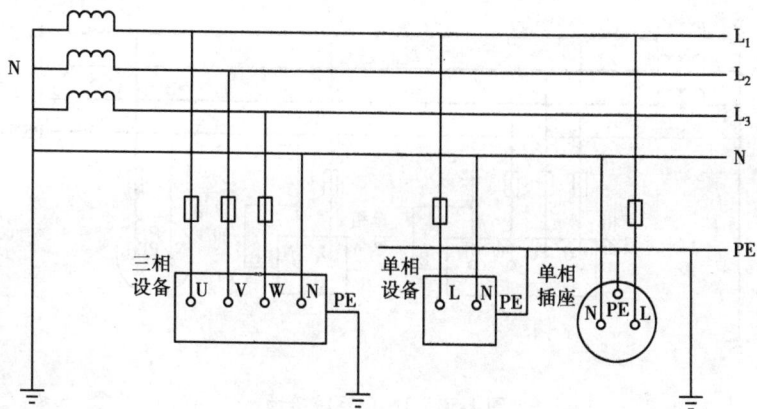

图 1-48　TT 系统接地

3)TN 系统

TN 系统即电源中性点直接接地,设备外壳等可导电部分与电源中性点有直接电气连接的系统,它有 3 种形式,分述如下:

①TN-S 系统。

TN-S 系统如图 1-49 所示。图中中性线 N 与 TT 系统相同,在电源中性点工作接地,而用电设备外壳等可导电部分通过专门设置的保护线 PE 连接到电源中性点上。在这种系统中,中性线 N 和保护线 PE 是分开的。TN-S 系统的最大特征是 N 线与 PE 线在系统中性点分开后,不能再有任何电气连接。TN-S 系统是我国现在应用最为广泛的一种系统(又称为三相五线制)。新楼宇大多采用此系统。

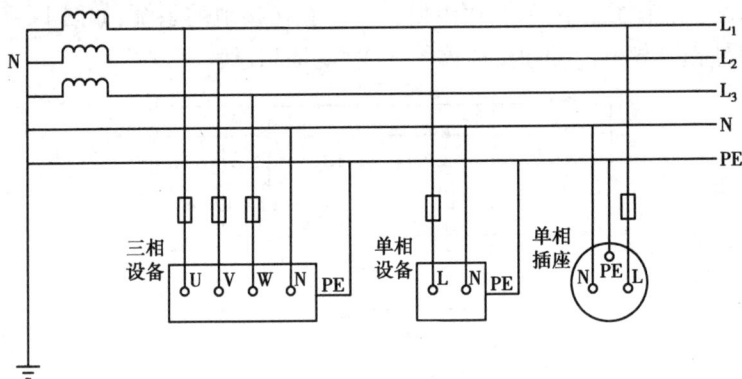

图 1-49　TN-S 系统接地

②TN-C 系统。

TN-C 系统如图 1-50 所示,它将 PE 线和 N 线的功能综合起来,由一根保护中性线 PEN 同时承担保护和中性线两者的功能。在用电设备处,PEN 线既连接到负荷中性点上,又连接到设备外壳等可导电部分。此时注意火线(L)与零线(N)要接对,否则外壳会带电。

TN-C 系统现在已很少采用,尤其是在民用配电中已基本上不允许采用 TN-C 系统。

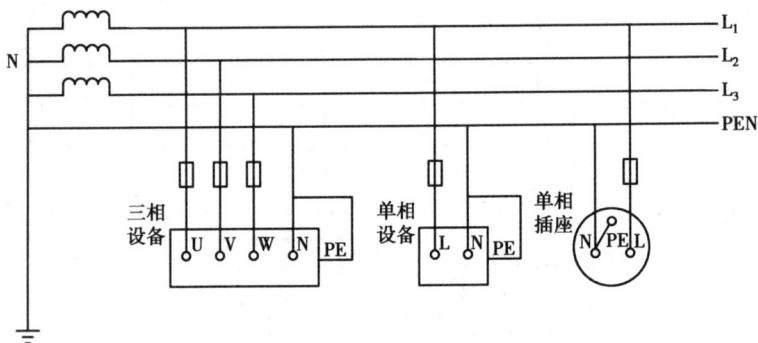

图 1-50　TN-C 系统接地

③TN-C-S 系统。

TN-C-S 系统是 TN-C 系统和 TN-S 系统的结合形式,如图 1-51 所示。TN-C-S 系统中,从电源出来的那一段采用 TN-C 系统只起电能的传输作用,到用电负荷附近某一点处,将 PEN 线分开成单独的 N 线和 PE 线,从这一点开始,系统相当于 TN-S 系统。TN-C-S 系统也是现在应用比较广泛的一种系统。这里采用了重复接地这一技术。此系统在旧楼改造中适用。

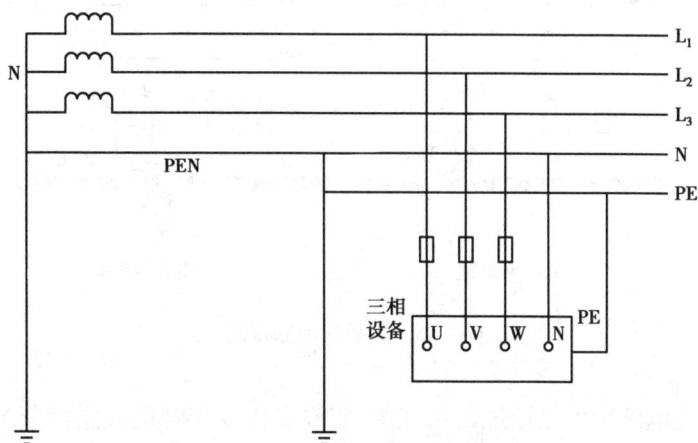

图 1-51　TN-C-S 系统接地

（2）电气设备采用的安全措施

为降低因绝缘破坏而遭到电击的危险，对于不同的低压配电系统形式，电气设备常采用保护接地、保护接零、重复接地等不同的安全措施，如图 1-52 所示。

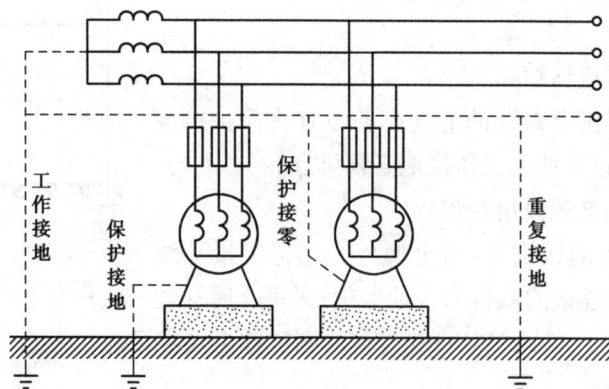

图 1-52　保护接地、工作接地、重复接地及保护接零示意图

1）接地和接零保护

①接地保护。

按功能分，接地可分为工作接地和保护接地。工作接地是指电气设备（如变压器中性点）为保证其正常工作而进行的接地；保护接地是指为保证人身安全，防止人体接触设备外露部分而触电的一种接地形式。在中性点不接地系统中，设备外露部分（金属外壳或金属构架），必须与大地进行可靠电气连接，即保护接地。

接地装置由接地体和接地线组成。埋入地下直接与大地接触的金属导体，称为接地体。连接接地体和电气设备接地螺栓的金属导体称为接地线。接地体的对地电阻和接地线电阻的总和，称为接地装置的接地电阻。

保护接地常用在 IT 低压配电系统和 TT 低压配电系统的形式中，如图 1-53 所示。

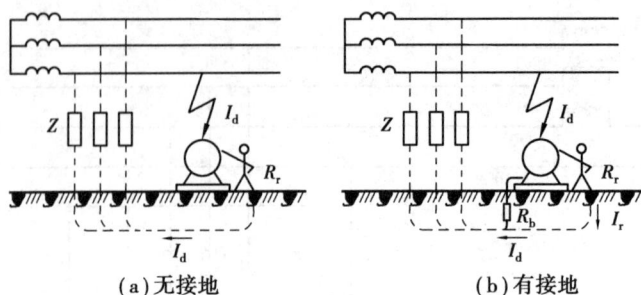

（a）无接地　　　　　　（b）有接地

图 1-53　保护接地原理图

②保护接零。

保护接零是在电源中性点接地的系统中,将设备需要接地的外露部分与电源中性线直接连接,相当于设备外露部分与大地进行了电气连接。使保护设备能迅速动作断开故障设备,减少了人体触电危险。

保护接零适用于 TN 低压配电系统形式。

保护接零的工作原理:当设备正常工作时,外露部分不带电,人体触及外壳相当于触及零线,无危险,如图 1-54所示。

采用保护接零时应注意:

a. 同一台变压器供电系统的电气设备不宜将保护接地和保护接零混用,而且中性点工作接地必须可靠。

b. 保护零线上不准装设熔断器。

接地和接零保护的区别是:将金属外壳用保护接地线（PEE）与接地极直接连接的被称为接地保护;当将金属外壳用保护线（PE）与保护中性线（PEN）相连接的则被称为接零保护。

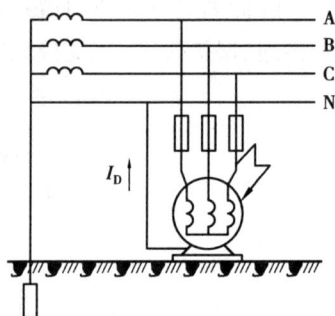

图 1-54　保护接零原理图

③重复接地。

在电源中性线做了工作接地的系统中,为确保保护接零的可靠,还需相隔一定距离将中性线或接地线重新接地, 称为重复接地。

如图 1-55(a)所示,可以看出,一旦中性线断线,设备外露部分带电,人体触及同样会有触电的可能。而在重复接地的系统中,如图 1-55(b)所示,即使出现中性线断线,但外露部分因重复接地而使其对地电压大大下降,对人体的危害也大大下降。不过应尽量避免中性线或接地线出现断线的现象。

以上分析的电击防护措施是从降低接触电压方面进行考虑的。但实际上这些措施往往还不够完善,需要采用其他保护措施作为补充,例如,采用漏电保护器、过电流保护电器等措施。

(3)漏电保护开关

1)定义

漏电保护器(漏电保护开关)是一种电气安全装置。将漏电保护器安装在低压电路中,

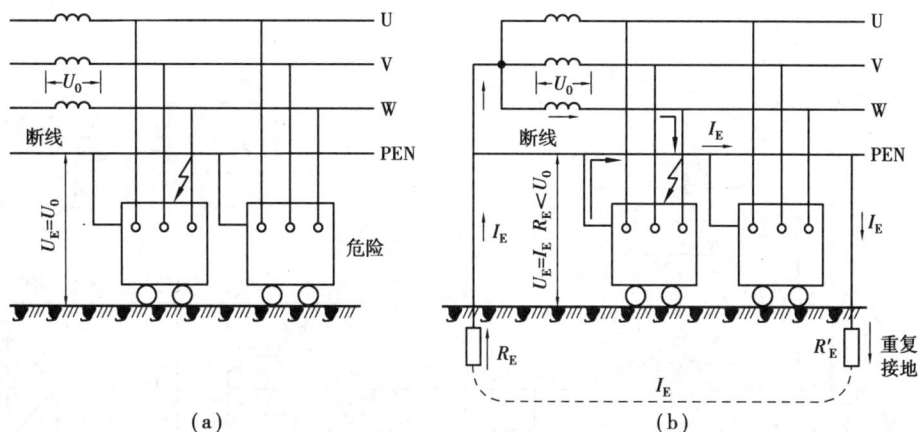

图 1-55 重复接地作用

当发生漏电和触电时,且达到保护器所限定的动作电流值时,就立即在限定的时间内动作自动断开电源进行保护。

漏电保护为近年来推广采用的一种新的防止触电的保护装置。在电气设备中发生漏电或接地故障而人体尚未触及时,漏电保护装置已切断电源;或者在人体已触及带电体时,漏电保护器能在非常短的时间内切断电源,减轻对人体的危害。

2)种类

漏电保护器按不同方式分类来满足使用的选型,如图 1-56 所示。如按动作方式可分为电压动作型和电流动作型。按动作机构分,有开关式和继电器式。按极数和线数分,有单极二线、二极、二极三线等。按动作灵敏度可分为:高灵敏度,漏电动作电流在 30 mA 以下;中灵敏度,30 ~ 1 000 mA;低灵敏度,1 000 mA 以上。

漏电保护器的种类很多,这里介绍目前应用较多的晶体管放大式漏电保护器。晶体管漏电保护器的组成及工作原理如图 1-57 所示,由零序电流互感器、输入电路、放大电路、执行电路、整流电源等构成。

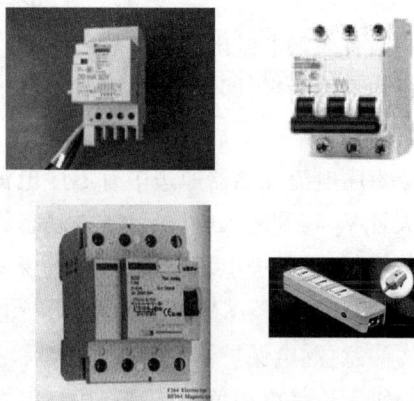

图 1-56 漏电保护开关

漏电保护器是一种电流动作型漏电保护,它适用于电源变压器中性点接地系统(TT 和 TN 系统),也适用于对地电容较大的某些中性点不接地的 IT 系统(对相—相触电不适用)。

漏电保护器工作原理:三相线 A,B,C 和中性线 N 穿过零序电流互感器。

在正常情况下(无触电或漏电故障发生),三相线和中性线的电流向量和等于零,即:

$$I_a + I_b + I_c + I_n = 0$$

因此,各相线电流在零序电流互感器铁芯中所产生磁通向量之和也为零,即:

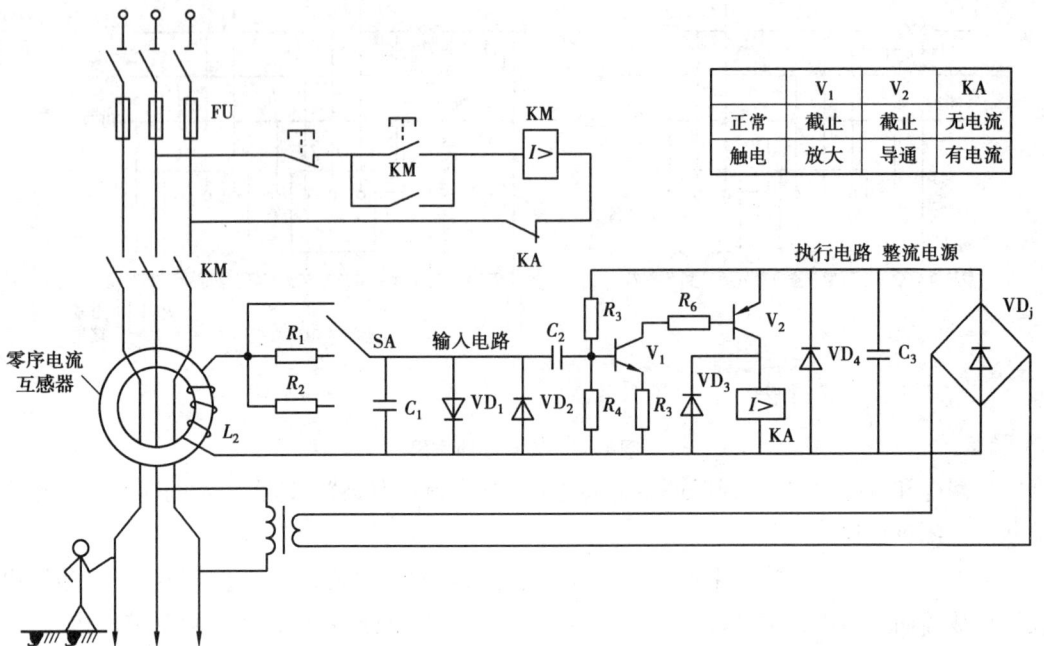

	V_1	V_2	KA
正常	截止	截止	无电流
触电	放大	导通	有电流

图 1-57　晶体管放大式漏电保护器原理图

$$\Phi_a + \Phi_b + \Phi_c + \Phi_n = 0$$

当有人触电或出现漏电故障时,即出现漏电电流,这时通过零序电流互感器的一次电流向量和不再为零,即:

$$I_a + I_b + I_c + I_n \neq 0$$

零序电流互感器原边中有零序电流流过,在其副边产生感应电动势,加在输入电路上,放大管 V_1 得到输入电压后,进入动态放大工作区,V_1 管的集电极电流在 R_6 上产生压降,使执行管 V_2 的基极电压下降,V_2 管输入端正偏,V_2 管导通,继电器 KA 流过电流启动,其常闭触头断开,接触器 KM 线圈失电,切断电源。

注意:漏电保护器的接线。

①无论是单相负荷还是三相与单相的混合负荷,相线与零线均应穿过零序互感器。

②安装漏电保护器时,一定要注意线路中中性线 N 的正确接法,即工作中性线一定要穿过零序互感器,而保护零线 PE 决不能穿过零序互感器,若将保护零线接漏电保护器,漏电保护器处于漏电保护状态而切断电源。即保护零线一旦穿过零序互感器,就再也不能用作保护线。

(4)电气设备的接地范围

根据安全规程规定,下列电气设备的金属外壳应该接地或接零。

①电机、变压器、电器、照明器具、携带式及移动式用电器具等的底座和外壳,如手电钻、电冰箱、电风扇、洗衣机等。

②交流、直流电力电缆的接线盒,终端头的金属外壳,电线、电缆的金属外皮,控制电缆

的金属外皮,穿线的钢管;电力设备的传动装置,互感器二次绕组的一个端子及铁芯。

③配电屏与控制屏的框架,室内、外配电装置的金属构架和钢筋混凝土构架,安装在配电线路杆上的开关设备、电容器等电力设备的金属外壳。

④在非沥青路面的居民区中,高压架空线路的金属杆塔、钢筋混凝土杆,中性点非直接接地的低压电网中的铁杆、钢筋混凝土杆,装有避雷线的电力线路杆塔。

⑤避雷针、避雷器、避雷线等。

(5)插座的分类及安装要求

1)分类:双孔、三孔、四孔

插座的分类如图 1-58 所示。

图 1-58　插座

三孔的插座应该选用品字形排列的扁孔结构,不应该选用等边三角形排列的圆孔结构,后者因容易发生三孔互换而发生用电事故。

2)安装高度

插座的垂直离地距离不得低于 1.3 m,特殊情况可允许低装,但不得低于 0.15 m。幼儿园、托儿所、小学等儿童集中场所,为了防止儿童玩弄禁止低装。

3)安装要求

①双孔插座的双孔应该水平并列安装,不准垂直安装,如果垂直安装,可能会因电源引线受勾拉而使插头的柱梢在插座孔内向上翘起,从而造成短路,严重时会使触片触及罩盖固定螺钉。

②三孔或四孔的接地孔应置在顶部位置,不许倒装、横装。

③在同一木台上装多个插座时,每个插座相应位置孔眼相位必须相同,接地孔必须接地。相同电压和相同相数的,应选用相同的结构和形式;不同的,应有明显的区别。

④线路上的导线,不准使芯线裸露在木台内部;处在内部的每个线头,不应靠近固定的木螺钉,以防把线头绝缘层割破。

⑤插头的三芯或四芯中的一根黑色或黄棕色绝缘层为接地线,不准用其他颜色。

⑥电源引线端头必须在插头内牢固压住;没有压结板的插头,应把端头扣结,使线芯连接处不直接承受引线拉力。

4.电路设计

仔细观察如图 1-59 所示的电气材料,按控制要求来设计电路。

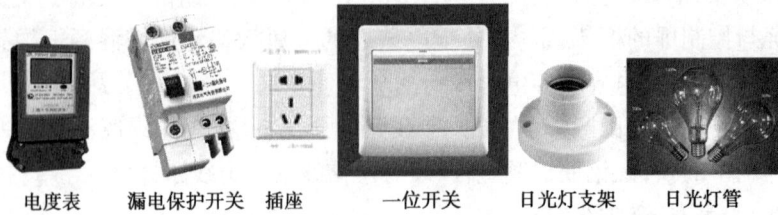

| 电度表 | 漏电保护开关 | 插座 | 一位开关 | 日光灯支架 | 日光灯管 |

图 1-59　电气材料

控制要求：

①插座电源受插座自带开关控制。

②有电源总开关控制所有电器的电源。

五、操作步骤

1. 元件安装

2. 线路连接

3. 通电试车(线路通电试验操作)

(1)通电操作

1)通电前检查

①用万用表检测所接电路是否正常。

②通电前将负载开关、电源开关处于断开(OFF)位置,然后向老师报告,提出通电操作申请。老师同意后,在老师监护下方可进行下一步操作。

2)通电过程

①安装电源线。

a. 接保护线(PE 线)。

b. 接零线(N 线)。

c. 接相线(U/V/W)。

②通电操作。

a. 送电源总开关。

b. 送电源分开关。

c. 送负载开关,观察通电情况,留意控制过程,理解控制原理。

(2)断电操作

1)异常故障情况

通电操作中,如发现异常,须第一时间按下急停按钮,切断电源,拆除电源线后,再查找原因。

2)正常断电操作

①分断负载开关。

②分断电源分开关。

③断开电源总开关。

3) 拆除电源线

断电后,先进行验电,在确保没有电的情况下进行以下操作:

①拆相线(U/V/W)。

②拆除零线(N 线)。

③拆除保护线(PE 线/黄绿双色线)。

④检查电源全部线路的拆除情况(含不同地点接地线),确保无误后方可进行下一工作任务。

4. 故障分析及排除

5. 清理工具、工程垃圾,收集剩余材料

六、实训结果记录与评价

工作任务评价表见附表一。

任务七　日光灯线路的安装与维修

一、任务描述

按照工艺要求进行连接,以满足生产工艺的要求。

二、课时安排

12 课时。

三、学习目标

①通过观摩现场,观看视频、图片等方式,感知维修电工的职业特征及遵循安全操作规程的必要性,了解企业安全生产要求、规章制度和技术发展趋势等,并通过各种方式展示所认知的信息。

②学习安全用电知识,了解电工安全操作规程,了解常见的触电方式,应用触电急救方法实施触电急救。

③能独立阅读工作任务单,明确工时、工艺要求和人员分工,叙述个人任务要求。

④能勘查施工现场,识读施工图样,描述施工现场特征,制订工作计划。

⑤能根据任务要求和施工图样,列举所需工具和材料清单,准备工具,领取材料。

⑥按照作业规程应用必要的标志和隔离措施,准备现场工作环境。

⑦按图样、工艺要求、安全规程要求施工。

⑧施工后,能按施工任务书的要求进行自检。

⑨能正确标注有关控制功能的铭牌标签。

⑩按电工作业规程,作业完毕后能清点工具、人员,收集剩余材料,清理工程垃圾,拆除防护措施。

⑪能正确填写任务单的验收项目,并交付验收。

四、工作准备

(一)工具、设备、器材、资料的准备

1. 工具、设备的准备

为完成工作任务,每个工作小组需要向仓库工作人员提供借用工具、设备清单,见表1-21。

表1-21　借用工具、设备清单

序　号	名　　称	数　量	借出时间	学生签名	归还时间	学生签名	管理员
1	验电笔	1					
2	钢丝钳	1					
3	尖嘴钳	1					
4	断线钳	1					
5	剥线钳	1					
6	螺丝刀	1					
7	电工刀	1					
8	斜口钳	1					
9	压线钳	1					
10	万用表	1					
11	冲击钻	1					
12	劳保用品	1					

2. 材料的准备

为完成工作任务,每个工作小组需要向仓库工作人员提供借用材料清单,见表1-22。

表1-22　借用材料清单

序　号	名　　称	数　量	借出时间	学生签名	归还时间	学生签名	管理员
1	漏电保护开关	1					
2	一位开关	1					
3	日光灯	1					
4	日光灯支架	1					
5	日光灯管	1					
6	元件盒(螺丝、胶粒)	1					
7	导线	50 m					
8	绝缘材料	若干					
9	标签	若干					
10	绑扎带	若干					

3.资料的准备

为完成工作任务,每个工作小组需要向仓库工作人员提供借用资料清单,见表1-23。

表1-23　借用资料清单

序　号	名　　称	数　量	借出时间	学生签名	归还时间	学生签名	管理员
1	图纸	1					
2	说明书	1					
3	维修记录	1					
4	电业安全操作规程	1					
5	电工手册	1					
6	电气安装施工规范	1					

(二)相关理论知识的准备

1.日光灯的组成、工作原理及安装要求

(1)组成

灯管、启辉器、镇流器、灯架、灯座。

1)灯管

①构成:由玻璃管、灯丝、灯脚组成。

②规格:6 W,8 W,12 W,15 W,20 W,30 W,40 W等。

2)启辉器

①构成:由氖泡、小电容、出线脚、外壳组成。

②规格:4～8 W,15～20 W,30～40 W;通用型 4～65 W。

③作用

a. 接通电路使管内灯丝加热气体。

b. 断开电路,使镇流器产生高电压。

c. 补偿镇流器电感损耗,提高功率因数。

3)镇流器

①构成:由铁芯、电感线圈组成。

②规格:需与灯管功率配用。

③分类:开启式、半封闭式、封闭式。

④作用:产生高压、限流作用。

4)灯架

①规格

a. 小型:只有开启式,配用 6 W,8 W,12 W 灯管。

b. 大型:适用于 15 W 以上的灯管。

②分类:弹簧式(插入式)、开启式。

(2)日光灯工作原理

分启动和工作两种状态。

当日光灯接通电源后,电源电压经过镇流器、灯丝,加在启辉器的动、静触片之间,引启辉光放电后发热膨胀接通电路,使灯丝预热,发射电子,动触片断开时,镇流器两端会产生一个比电源电压高得多的电动势加在灯管两端,使灯管内惰性气体被电离而引起弧光放电,灯管内温度升高,液态汞被汽化游离,引起汞蒸气弧光放电而产生不可见紫外线,紫外线激发灯管内壁荧光粉后,发出近似日光色的灯光。

(3)安装要求及方法

①接线时,相线须与镇流器一端相连,镇流器另一端接长灯座。

②零线接短灯座。

③装启辉器时,要使其接触良好。

④一个大型灯架上,安装多盏日光灯时,仍用一个开关控制,要采用并联接法。

更多资讯可以参考学习工作站提供的辅助教材《维修电工技能训练》《安全用电》,或者在网上搜索。

2. 电路设计

你需要根据如下的控制要求来设计电路。

仔细观察以下电气材料,如图 1-60 所示。

控制要求:

①漏电保护开关控制电器的电源。

②一位开关控制日光灯。

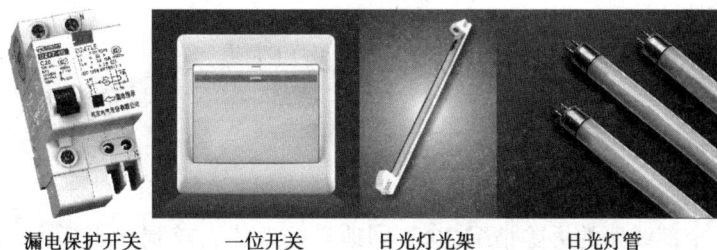

| 漏电保护开关 | 一位开关 | 日光灯光架 | 日光灯管 |

图 1-60 电气材料

五、操作步骤

1. 元件安装

2. 线路连接

3. 通电试车(线路通电试验操作)

(1)通电操作

1)通电前检查

①先用万用表检测所接电路是否正常。

②通电前将负载开关、电源开关处于断开(OFF)位置,然后向老师报告,提出通电操作申请。老师同意后,在老师的监护下方可进行下一步操作。

2)通电过程

①安装电源线。

a. 接保护线(PE 线)。

b. 接零线(N 线)。

c. 接相线(U/V/W)。

②通电操作。

a. 送电源总开关。

b. 送电源分开关。

c. 送负载开关,观察通电情况,留意控制过程,理解控制原理。

(2)断电操作

1)异常故障情况

通电操作中,如发现异常,须第一时间按下急停按钮,切断电源,拆除电源线后,再查找原因。

2)正常断电操作

①分断负载开关。

②分断电源分开关。

③断开电源总开关。

3)拆除电源线

断电后,先进行验电,确保没有电的情况下进行以下操作:

①拆相线(U/V/W)。

②拆除零线(N 线)。

③拆除保护线(PE 线/黄绿双色线)。

④检查电源全部线路的拆除情况(含不同地点接地线),确保无误后方可进行下一工作任务。

4.故障分析及排除

5.清理工具、工程垃圾,收集剩余材料

六、实训结果记录与评价

工作任务评价表见附表一。

任务八　高压汞灯线路的安装与维修

一、任务描述

按照工艺要求进行连接,并满足生产工艺的要求。

二、课时安排

12 课时。

三、学习目标

①通过观摩现场,观看视频、图片等方式,感知维修电工的职业特征及遵循安全操作规程的必要性,了解企业安全生产要求、规章制度和技术发展趋势等,并通过各种方式展示所认知的信息。

②学习安全用电知识,了解电工安全操作规程,了解常见的触电方式,应用触电急救方法实施触电急救。

③能独立阅读工作任务单,明确工时、工艺要求和人员分工,叙述个人任务要求。

④能勘查施工现场,识读施工图样,描述施工现场特征,制订工作计划。

⑤能根据任务要求和施工图样,列举所需工具和材料清单,准备工具,领取材料。

⑥按照作业规程应用必要的标志和隔离措施,准备现场工作环境。

⑦按图样、工艺要求、安全规程要求施工。

⑧施工后,能按施工任务书的要求进行自检。

⑨能正确标注有关控制功能的铭牌标签。

⑩按电工作业规程,作业完毕后能清点工具、人员,收集剩余材料,清理工程垃圾,拆除防护措施。

⑪能正确填写任务单的验收项目,并交付验收。

四、工作准备

（一）工具、设备、器材、资料的准备

1. 工具、设备的准备

为完成工作任务,每个工作小组需要向仓库工作人员提供借用工具、设备清单,见表1-24。

表1-24　借用工具、设备清单

序　号	名　称	数　量	借出时间	学生签名	归还时间	学生签名	管理员
1	验电笔	1					
2	钢丝钳	1					
3	尖嘴钳	1					
4	断线钳	1					
5	剥线钳	1					
6	螺丝刀	1					
7	电工刀	1					
8	斜口钳	1					
9	压线钳	1					
10	万用表	1					
11	冲击钻	1					
12	劳保用品	1					

2. 材料的准备

为完成工作任务,每个工作小组需要向仓库工作人员提供借用材料清单,见表1-25。

表1-25　借用材料清单

序　号	名　　称	数　量	借出时间	学生签名	归还时间	学生签名	管理员
1	漏电保护开关	1					
2	一位开关	1					
3	高压汞灯	1					
4	日光灯支架	1					
5	日光灯管	1					
6	元件盒(螺丝、胶粒)	1					
7	导线	50 m					
8	绝缘材料	若干					
9	标签	若干					
10	绑扎带	若干					

3. 资料的准备

为完成工作任务,每个工作小组需要向仓库工作人员提供借用资料清单,见表1-26。

表1-26　借用资料清单

序　号	名　　称	数　量	借出时间	学生签名	归还时间	学生签名	管理员
1	图纸	1					
2	说明书	1					
3	维修记录	1					
4	电业安全操作规程	1					
5	电工手册	1					
6	电气安装施工规范	1					

(二)相关理论知识的准备

高压汞灯的组成、工作原理及安装要求

高压汞灯与荧光灯一样,同属于气体放电光源,且在发光管内都充以汞,均依靠汞蒸气放电而发光。但荧光灯属于低压汞灯,即发光时的汞蒸气压力较低,而高压汞灯发光时的汞蒸气压力则较高,它具有较高的光效、较长的寿命和较好的防震性能等优点,但也存在辨色率较低、点燃时间长和电源电压跌落时会出现自熄等不足之处。

(1)基本结构

如图1-61所示的是高压汞灯的典型结构。置于灯泡体中央的发光管由石英玻璃制成,内充有一定的汞和少量的氧气。发射电子的电极采用自热式结构,并置有辅助电极,用来触发启辉。在辅助电极上,接有一只40～60 Ω的电阻,与不相邻的主电极相连;由硬玻璃制成灯泡体,内壁涂有荧光粉,故也称为高压荧光灯。

(2)基本工作原理

当接通电源后,辅助电极与相邻的主电极之间加上了220 V的电压,由于两个电极间距很小(一般在 2～3 mm),因此两者之间就产生了很强大的电场,使其中的气体被击穿而发生辉光放电(放电电流受电阻所控制)。因辉光放电而产生了大量电子和离子,这些带电粒子在两主电极电场的作用下,就使灯管两端间导通,形成两主电极之间的弧光发电。但是,开始时是低气压的汞蒸气和氧气放电,这时管电压很低而电流很大(称启动电流),随着低压放电所放出的热量不断增加而灯管温度逐渐提高,汞就逐渐气化,汞蒸气压力和灯管电压也跟着升高,当汞全部蒸发后,就进入高压汞蒸气放电,灯管就进入工作阶段。由此可知,高压汞灯从启辉阶段到工作阶段的时间较长,一般需4～10 min。

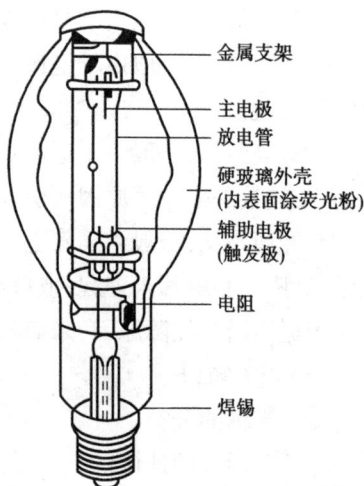

图 1-61　高压汞灯的典型结构

(3)高压汞灯的安装方法

按图1-62所示的线路图连接。

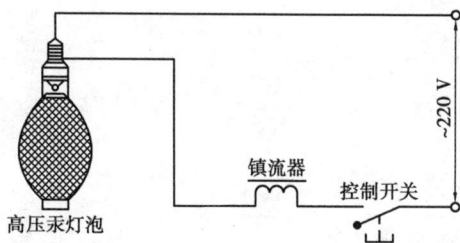

图 1-62　高压汞接线图

此外,高压汞灯熄灭后不能马上再次点燃,一般需要间隔 5～10 min,才能重新发光。这是因为灯熄灭后,灯管内的汞蒸气压仍然较高,再加上原来的电压下,电子不能积累足够的能量来电离气体。所以,需待灯管逐步冷却而使汞蒸气凝结后,才能重新点燃。

所用灯座的功率在 125 W 及以下的,应配用 E27 型的瓷质灯座;功率在 175 W 及以上的,应配用 E40 型的瓷质灯座,因其工作时温度较高,不能以别的型号灯座代用。

所用镇流器规格必须符合要求,即功率要配合高压汞灯的需要。镇流器宜安装在灯具附近,并应装在人体触及不到的位置。在镇流器接线端子的端面上应覆盖保护物,但不可装入箱体内,以免影响散热。装于户外的,镇流器应有防雨措施。

(4)常见故障和排除方法

①不能启辉:一般由于电压过低,或镇流器选配不当而电流过小,或灯泡内部构件损坏等原因所引起。

②只亮灯芯:一般由于灯泡玻璃破碎或漏气等原因所引起。

③亮而忽灭:一般由于电源电压下降,或灯座、镇流器和开关的接线松动,或灯泡损坏等原因所引起。

④忽亮忽灭:一般由于电源电压波动在启辉电压临界值上,或灯座接触不良、灯泡螺口松动,或连接头松动等原因所引起。

⑤开而不亮:一般由于停电,或线路的保护熔体烧断、开关失灵、连接导线脱落、镇流器烧毁、灯座中心触片未弹起,或灯泡损坏等原因所引起。

根据不同的故障原因,采取相应的修理措施予以排除。

(5)相关知识

①电光源的分类。

②照明形式的选用。

③照明装置安装规程。

④线路分类与选用要求。

⑤线路装置总的技术要求。

⑥线路施工基本操作工艺。

⑦护套线线路的安装工艺。

⑧管高压汞灯线路的组成及工作原理。

⑨高压钠灯(金属卤化物灯)线路的组成及工作原理。

五、操作步骤

1. 元件安装

2. 线路连接

3. 通电试车(线路通电试验操作)

(1)通电操作

1)通电前检查

①先用万用表检测所接电路是否正常。

②通电前将负载开关、电源开关处于断开(OFF)位置,然后向老师报告,提出通电操作申请。老师同意后,在老师监护下方可进行下一步操作。

2)通电过程

①安装电源线。

a. 接保护线(PE线)。

b. 接零线(N线)。

c. 接相线(U/V/W)。

②通电操作。

a. 送电源总开关。

b. 送电源分开关。

c. 送负载开关,观察通电情况,留意控制过程,理解控制原理。

（2）断电操作

1）异常故障情况

通电操作中,如发现异常,须第一时间按下急停按钮,切断电源,拆除电源线后,再查找原因。

2）正常断电操作

①分断负载开关。

②分断电源分开关。

③断开电源总开关。

3）拆除电源线

断电后,先进行验电,确保没有电的情况下进行以下操作:

①拆相线（U/V/W）。

②拆除零线（N 线）。

③拆除保护线（PE 线/黄绿双色线）。

④检查电源全部线路的拆除情况（含不同地点接地线）,确保无误后方可进行下一工作任务。

4. 故障分析及排除

5. 清理工具、工程垃圾,收集剩余材料

六、实训结果记录与评价

工作任务评价表见附表一。

七、技能拓展

1906 年汞蒸气压约为 0.1 MPa 的高压汞灯研制成功。20 世纪 30 年代初,高压汞灯在以下几个方面获得发展:①引进激活电极代替液汞电极;②掌握金属丝和硬质玻璃或金属箔和石英玻璃的真空封接工艺;③选择适当的汞量使之在灯充分点燃后全部蒸发,改进了灯的启动性能和稳定性。20 世纪 40 年代高压汞灯进入实用阶段。20 世纪 50 年代后采用了适合高压汞灯所发射的,以 365 nm 长波紫外线为主并补充红色光谱的荧光粉。1965 年采用稀土荧光粉,大幅度提高了显色性和发光效率。高压汞灯的发展为高强度气体放电灯奠定了技术基础。20 世纪 80 年代,世界上高压汞灯的年产量约 3 000 万支。我国于 20 世纪 60 年代研制成高压汞灯,1987 年年产量已超过 550 万支。自从 1879 年白炽灯问世以来,人们便与电灯结下了不解之缘。电光源家族中新灯辈出,大放光彩。高压汞灯也是一种效率高、寿命长的电光源。它由荧光泡壳和放电管两部分组成。放电管又细又短、只有人的手指大小、内装高压水银蒸气,放电管外面有一棉球形的荧光泡壳。通电后放电管产生很强的可见光和紫外线,紫外线照射在荧光泡壳上,发出大量可见光。利用汞放电时产生的高压(0.2~1 MPa)汞蒸气获得可见光的电光源。发光效率可达 35~50 lm/W,广泛用于环境温度为 -20~40 ℃的街道、广场、高大建筑物、交通运输等场所作为室内外照明光源。

任务九　高压钠灯(金属卤化物灯)线路的安装与维修

一、任务描述

按照工艺要求进行连接,满足生产工艺的要求。

二、课时安排

12 课时。

三、学习目标

①通过观摩现场,观看视频、图片等方式,感知维修电工的职业特征及遵循安全操作规程的必要性,了解企业安全生产要求、规章制度和技术发展趋势等,并通过各种方式展示所认知的信息。

②学习安全用电知识,了解电工安全操作规程,了解常见的触电方式,应用触电急救方法实施触电急救。

③能独立阅读工作任务单,明确工时、工艺要求和人员分工,叙述个人任务要求。

④能勘查施工现场,识读施工图样,描述施工现场特征,制订工作计划。

⑤能根据任务要求和施工图样,列举所需工具和材料清单,准备工具,领取材料。

⑥能按照作业规程应用必要的标志和隔离措施,准备现场工作环境。

⑦能按图样、工艺要求、安全规程要求施工。

⑧施工后,能按施工任务书的要求进行自检。

⑨能正确标注有关控制功能的铭牌标签。

⑩按电工作业规程,作业完毕后能清点工具、人员,收集剩余材料,清理工程垃圾,拆除防护措施。

⑪能正确填写任务单的验收项目,并交付验收。

四、工作准备

（一）工具、设备、器材、资料的准备

1. 工具、设备的准备

为完成工作任务，每个工作小组需要向仓库工作人员提供借用工具、设备清单，见表1-27。

表1-27　借用工具、设备清单

序　号	名　　称	数　量	借出时间	学生签名	归还时间	学生签名	管理员
1	验电笔	1					
2	钢丝钳	1					
3	尖嘴钳	1					
4	断线钳	1					
5	剥线钳	1					
6	螺丝刀	1					
7	电工刀	1					
8	斜口钳	1					
9	压线钳	1					
10	万用表	1					
11	冲击钻	1					
12	劳保用品	1					

2. 材料的准备

为完成工作任务，每个工作小组需要向仓库工作人员提供借用材料清单，见表1-28。

表1-28　借用材料清单

序　号	名　　称	数　量	借出时间	学生签名	归还时间	学生签名	管理员
1	漏电保护开关	1					
2	一位开关	1					
3	高压钠灯	1					
4	日光灯支架	1					
5	日光灯管	1					
6	元件盒(螺丝、胶粒)	1					
7	绝缘材料	若干					
8	标签	若干					
9	绑扎带	若干					

3.资料的准备

为完成工作任务,每个工作小组需要向仓库工作人员提供借用资料清单,见表1-29。

表1-29　借用资料清单

序　号	名　　称	数　量	借出时间	学生签名	归还时间	学生签名	管理员
1	图纸	1					
2	说明书	1					
3	维修记录	1					
4	电业安全操作规程	1					
5	电工手册	1					
6	电气安装施工规范	1					

(二)相关理论知识的准备

1.高压钠灯的组成、工作原理及安装要求

高压钠灯是一种气体放电光源,是利用钠蒸气放电而发光,分有高压和低压两种,作为照明灯使用的,大多数是高压钠灯。钠是一种活泼金属,原子结构比较简单,激发电位也比较低。高压钠灯具有比高压汞灯更高的光效,以及更长的使用寿命。高压钠灯辐射的波长范围集中在人眼较敏感的区域内;光色呈橘黄偏红,这种波长的光线,具较强的穿透性,用于多雾或多尘垢的环境中,作为一般照明,有着较好的照明效果。在城市中,现已比较普遍地采用高压钠灯作为街道照明光源。

(1)基本结构

如图1-63所示是高压钠灯的基本构造。发光管较长较细,管壁温度达700 ℃以上,因钠对石英玻璃具有较强的腐蚀作用,故管体由多晶氧化铝(陶瓷)制成。为了能使电极与管体之间具有良好的密封衔接,采用化学性能稳定而膨胀系数与陶瓷接近的铌做成端帽(也有用陶瓷制成的)。电极间连接着用来产生启动脉冲的双金属片(与荧光灯的启辉器作用相同)。泡体由硬玻璃制成,灯头与高压汞灯一样制成螺口式。

(2)基本工作原理

高压钠灯启动方式与高压汞灯不同。高压汞灯是通过辅助电极帮助发光管启辉发光的,而高压钠灯因发光管既长又细,就不能采用这种较简单的启动方式,却要采用类似于荧光灯的启动原理来帮助发光管点燃,但起辉器被组合在灯泡体内部(即双金属片)。高压钠灯的启动原理如图1-64所示。

当接通电源时,电流通过双金属片bH,b受热后发生形变而使两触点开启(产生一个触发),电感线圈L上就产生脉冲高压电动势而加于灯管的电极上,使两极间击穿,于是使灯管点燃。点燃后,因存在放电热量而使b保持开路状态。工作电压和工作电流如同荧光灯一样,由镇流器加以控制。

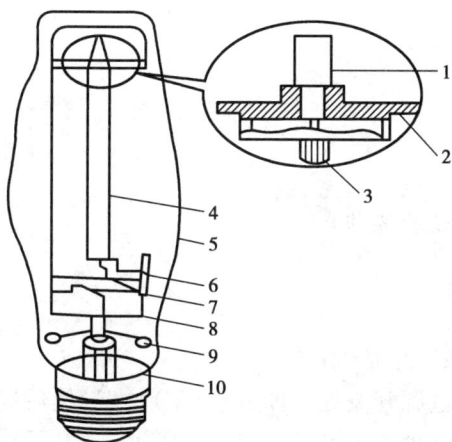

图 1-63　高压钠灯的基本构造

1—金属排气管;2—铌帽;3—电极;4—放电管;5—玻璃外壳;6—管脚;

7—双金属片;8—金属支架;9—钡消气剂;10—焊锡

新型高压钠灯的工作原理虽然相同,但启动方式却有所不同,通常采用由晶闸管(可控硅)构成的触发器。

（3）常用规格

钠灯泡的规格有 NG－110,NG－215,NG－250,NG－360 和 NG－400 等多种,选用时应配置与灯泡规格相适应的镇流器和触发器等附件;其中 MGC 型触发器有 110 W 至 400 W 的通用产品,适用于上述各种规格的钠灯泡。钠灯同汞灯一样,必须选用 E 型瓷质灯座。

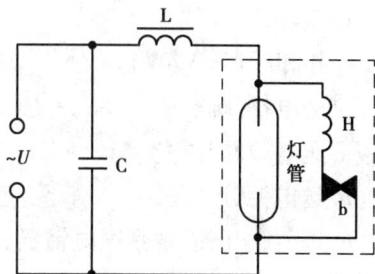

图 1-64　高压钠灯的启动原理

高压钠灯的安装方法和注意事项基本与高压汞灯类似;常见故障和排除方法也与高压汞灯和荧光灯类似,均可参照应用。

2. 金属卤化物灯

为了克服高压汞灯和高压钠灯显色性较差的缺点,在上述两种光源的基础上发展了金属卤化物灯这一新光源。这种新光源,在发光管内充以金属卤化物,使之能辐射出近似日光(接近连续光谱)的白色光,并使之进一步提高光效。目前常用的金属卤化物灯有钠灯和铟灯两种,前者灯管内充有卤化钠,后者灯管内充有碘化铟。

金属卤化物灯的常用规格,有 220 V 250 W,400 W 和 1 000 W 等多种;钠灯有 220 V 1 000 W 和 380 V 3 500 W 等多种。选用时均需配置与灯管规格相适应的镇流器和触发器以及专用灯架等附件。安装时,必须注意灯位离地的足够高度,不准低装,以免对人体产生较高的紫外线辐射量以及产生过高的眩光。各种规格和各种产品有着不同的安装高度规定,具体最低安装高度应按照产品说明书上的规定。常见故障有灯座接触不良,触发器失灵和灯管漏气等。

五、操作步骤

1.元件安装

2.线路连接

3.通电试车(线路通电试验操作)

(1)通电操作

1)通电前检查

①先用万用表检测所接电路是否正常。

②通电前将负载开关、电源开关处于断开(OFF)位置,然后向老师报告,提出通电操作申请。老师同意后,在老师监护下方可进行下一步操作。

2)通电过程

①安装电源线。

a.接保护线(PE 线)。

b.接零线(N 线)。

c.接相线(U/V/W)。

②通电操作。

a.送电源总开关。

b.送电源分开关。

c.送负载开关,观察通电情况,留意控制过程,理解控制原理。

(2)断电操作

1)异常故障情况

通电操作中,如发现异常,须第一时间按下急停按钮,切断电源,拆除电源线后,再查找原因。

2)正常断电操作

①分断负载开关。

②分断电源分开关。

③断开电源总开关。

3)拆除电源线

断电后,先进行验电,确保没有电的情况下进行以下操作:

①拆相线(U/V/W)。

②拆除零线(N 线)。

③拆除保护线(PE 线/黄绿双色线)。

④必须检查电源全部线路的拆除情况(含不同地点接地线),确保无误后方可进行下一工作任务。

4.故障分析及排除

5.清理工具、工程垃圾、收集剩余材料

六、实训结果记录与评价

工作任务评价表见附表一。

项目二

电工仪表的使用及维护

任务一　万用表电阻挡测量训练

一、任务描述

电阻的测量在电工测量中占有十分重要的地位,如测量线路的通断,判断电气设备和线路的故障所在,测量电阻阻值的变化等。工程中所测量的电阻值一般在 1 太欧($1\times10^{12}\Omega$) ~ 1 微欧($1\times10^{-6}\Omega$)的范围内。实际中为了选用合适的测量电阻的方法,减小测量误差,通常可将电阻按其电阻阻值大小分为 3 类:1 Ω 以下为小电阻,1 ~ 100 kΩ 为中电阻,100 kΩ 以上为大电阻。

二、课时安排

12 课时。

三、学习目标

①熟悉模拟式万用表的结构及工作原理。

②掌握用模拟式万用表测量交流电压、直流电压、直流电路及电阻的方法。

③掌握数字万用表的使用方法。

④学会使用数字万用表测量交直流电压、交直流电流、电阻等。

四、工作准备

（一）工具、设备、器材、资料的准备

1. 工具、设备的准备

为完成工作任务,每个工作小组需要向仓库工作人员提供借用工具、设备清单,见表2-1。

表 2-1　借用工具、设备清单

序号	名　称	数量	借出时间	学生签名	归还时间	学生签名	管理员
1	模拟式万用表	1					
2	数字式万用表	1					
3	单相调压器	1					
4	电源变压器	1					
5	整流滤波元件	1					
6	钢丝钳	1					
7	尖嘴钳	1					
8	断线钳	1					
9	剥线钳	1					
10	螺丝刀	1					
11	电工刀	1					
12	斜口钳	1					

2. 材料的准备

为完成工作任务,每个工作小组需要向仓库工作人员提供借用材料清单,见表2-2。

表 2-2　借用材料清单

序号	名　称	数量	借出时间	学生签名	归还时间	学生签名	管理员
1	电阻	若干					

3. 资料的准备

为完成工作任务,每个工作小组需要向仓库工作人员提供借用资料清单,见表2-3。

表 2-3　借用资料清单

序号	名　称	数量	借出时间	学生签名	归还时间	学生签名	管理员
1	图纸	1					
2	说明书	1					

续表

序号	名　称	数量	借出时间	学生签名	归还时间	学生签名	管理员
3	维修记录	1					
4	电业安全操作规程	1					
5	电工手册	1					
6	电气安装施工规范	1					

(二)相关理论知识的准备

1. 安全事项

①测量电压时,请勿输入超过直流 1 000 V 或交流 700 V 有效值的极限电压。

②36 V 以下的电压为安全电压,在测高于 36 V 直流、25 V 交流电压时,要检查表笔是否可靠接触、是否正确连接、是否绝缘良好等,以避免电击。

③换功能和量程时,表笔应离开测试点。

④选择正确的功能和量程,谨防误操作,仪表虽然有全量程保护功能,但为了安全起见,仍请多加注意。

⑤测量电流时,请勿输入超过 20 A 的电流。

2. 模拟式万用表的使用方法

模拟式万用表又称为指针式万用表,一般由测量机构、测量线路和转换开关 3 部分组成。

MF47 型万用表的外形如图 2-1 所示。

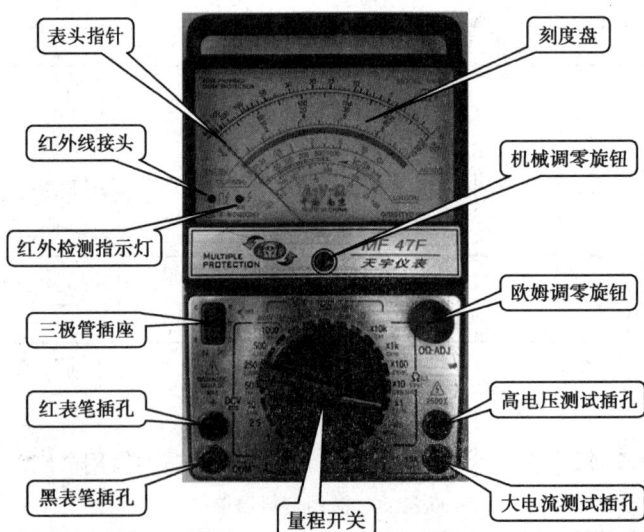

图 2-1　MF47 型万用表

500 型万用表的外形如图 2-2 所示。

1）测量机构（俗称"表头"）

万用表测量机构的作用是把过渡电量转换为仪表指针的机械偏转角。万用表的测量机构通常采用磁电系直流微安表，其满刻度电流为几微安到几百微安。满刻度电流越小的测量机构灵敏度越高，万用表的灵敏度通常用电压灵敏度（Ω/V）来表示。

2）测量线路

测量线路的作用是把各种不同的被测电量（如电流、电压、电阻等）转换为磁电系测量机构所能测量的微小直流电流（即过渡电量）。测量线路中使用的元器件主要包括分流电阻、分压电阻、整流元件、电容器等。万用表的功能越多，测量线路越复杂。如图 2-3 所示为 500 型万用表的内部结构图。

图 2-2　500 型万用表

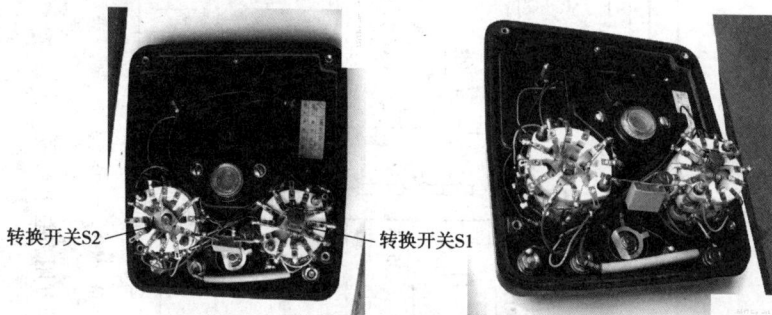

图 2-3　500 型万用表的内部结构图

由图 2-3 中可以看到，万用表中的测量线路一般都直接焊接在转换开关上，这样既可以缩短接线长度，减小接线电阻的影响，同时又增强了仪表的牢固性。

3）转换开关

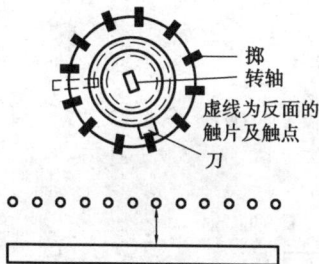

图 2-4　转换开关结构示意图

转换开关的作用是把测量线路转换为所需的测量种类和量程。万用表上的转换开关一般都采用多层多刀多掷开关。500 型万用表的面板上有两只转换开关的旋钮 S1 和 S2，左边的 S1 采用二层三刀十二掷开关，共 12 个挡位；右边的 S2 采用二层二刀十二掷开关，也有 12 个挡位。如图 2-4 所示为多层转换开关其中一层的结构示意图，它的 12 个固定触点（也称为"掷"）沿圆周分布，对应 12 个测量挡位，在其转轴上连接有可动触头（也称为"刀"），当转动旋钮时，可动触头与接在固定触点主的相应线路接通，就构成了不同的测量电路。

500 型万用表能测量直流电流、交直流电压、电阻及音频电压等，并具有较高的电压灵敏度。另外，它还具有外壳坚固、表盘较大、读数清晰等特点，故在生产中得到了广泛的应用。500 型万用表的总电路如图 2-5 所示。它利用两只转换开关 S1，S2 的相互配合，可组成不同的测量电路。下面分别介绍转换开关置于不同挡位时所组成的测量电路及其原理。

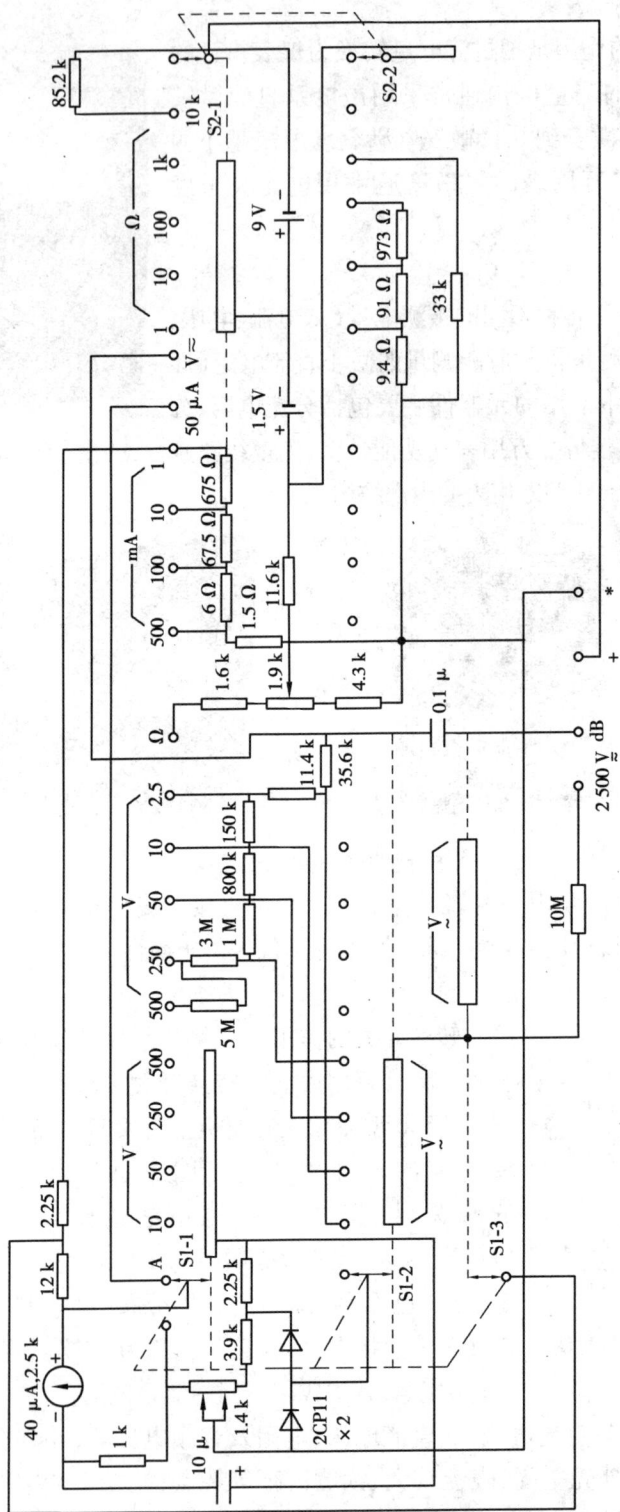

注:图中k为kΩ，M为MΩ；μ为μF。

图2-5　500型万用表总电路图

500 型万用表和其他型号的模拟式万用表的工作原理基本相同,都建立在欧姆定律及电阻串、并联规律的基础之上。

3. 电阻测量电路

欧姆表测量电阻的原理如图 2-6 所示。图中 R_0 是欧姆调零电阻,r 是电池内阻,R_1 是限流电阻,R_C 是测量机构的内阻。

由全电路欧姆定律可知,电路中的电流为:

$$I = \frac{E}{R_X + R_Z}$$

式中　R_Z——欧姆表总内阻,包括 R_C,R_0,R_1 和 r;

　　　R_X——被测电阻;

　　　E——电源电动势。

图 2-6　欧姆表测量电阻原理图

上式说明,若欧姆表总内阻 R_Z 和电池电动势 E 保持不变,则线路中的电流 I 将随被测电阻 R_X 而改变,且 I 与 R_X 成反比关系。可见,欧姆表测量电阻的实质是测量电流。

当 $R_X = 0$ 时,调整 R_0 的大小,使 $I = I_m$,指针指在满刻度位置,规定此位置为"欧姆 0"。

$R_X = R_Z$ 时,　$I = \dfrac{E}{2R_z} = \dfrac{1}{2}I_m$

$R_X = 2R_Z$ 时,　$I = \dfrac{E}{3R_z} = \dfrac{1}{2}I_m$

…

$R_X = \infty$ 时,$I = 0$ 时,指针不动,规定此位置为"欧姆 ∞"。

由于仪表指针的偏转角与电流 I 成正比,而电流 I 与 R_X 成反比。因此,仪表指针的偏转角就能够反映出 R_X 的大小。但也可以看出,欧姆表的标度尺是不均匀的,而且是反向的,如图 2-7 所示。

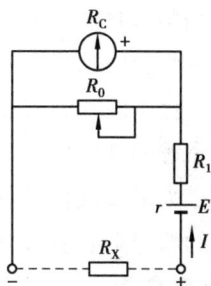

图 2-7　欧姆表的标度尺

特别地,当 $R_X = R_Z$ 时,$I = \dfrac{1}{2}I_m$,指针将指在仪表标度尺的中心位置,因此 R_Z 又称为欧姆中心值。因为欧姆中心值正好等于该挡欧姆表的总内阻,所以,欧姆表量程的设计都是以标度尺的中央刻度为标准,然后再求出其他电阻刻度值的。

（1）欧姆表量程的扩大

理论上讲，上述欧姆表可以测量 $0 \sim \infty$ 之间任意阻值的电阻。但实际上由于欧姆刻度很不均匀，因此它的有效使用范围一般只在 0.1～10 倍欧姆中心值的刻度范围内，超出该范围测量将会引起很大的误差。

为了使欧姆表能在较大范围内对被测电阻进行较准确的测量，万用表欧姆挡一般都是多量程的，同时为了能共用一条标度尺，以便于读数，一般都以 $R \times 1$ 挡为基础，按 10 的倍数来扩大量程，这样，各量程的欧姆中心值就应是 10 的倍数。例如，在 500 型万用表中，$R \times 1$ 挡的欧姆中心值为 10 Ω，那么，$R \times 10$ 挡的欧姆中心值为 100 Ω，$R \times 100$ 挡的欧姆中心值为 1 000 Ω 等。

由于欧姆表量程的扩大实际上是通过改变欧姆中心值来实现的，随着量程的扩大，欧姆表的总内阻和被测电阻都将增加，这必然引起流过测量机构的电流减小。因此，在扩大欧姆表量程的同时，还必须设法增加测量机构的电流。通常可采取的两种措施见表2-4。

表2-4　扩大欧姆表量程的措施

保持电池电压不变,改变分流电阻值	提高电池电压
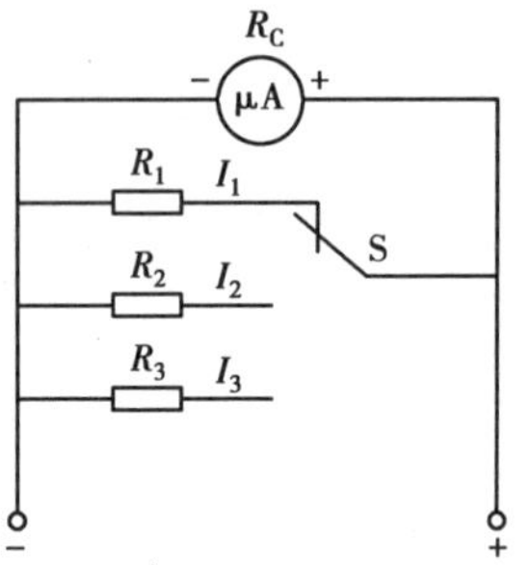	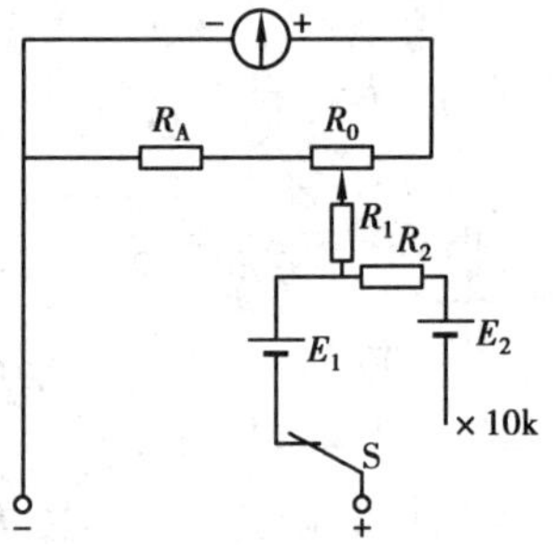
低阻挡（如 $R \times 1$ Ω）用小的分流电阻，高阻挡（如 $R \times 1$ kΩ）用大的分流电阻。这样虽然在高阻挡时的总电流减小了，但通过测量机构的电流仍可保持不变。图中各挡的总、内阻应等于该挡的欧姆中心值。一般万用表中 $R \times 1$ Ω～$R \times 1$ kΩ 挡都采用这种方法扩大量程。	这样当被测电阻和欧姆表总内阻增大后，仍可保持其电流值不变。通常万用表中 $R \times 10$ kΩ 挡就是采用这种方法来扩大量程的。图中 R_2 是限流电阻，也是该挡欧姆表总内阻的一部分。另外，为了减小体积，万用表的 $R \times 10$ kΩ 挡通常采用电压较高的叠层电池。常用叠层电池的额定电压为 4.5 V,6 V,9 V,15 V 和 22.5 V 等

（2）500 型万用表电阻测量电路

当转换开关置于电阻挡时，其电路组成如图 2-8 所示。由图中可以看出，电阻挡也在直流电流 50 μA 挡的基础上扩展而成的。电阻 4.3 kΩ,1.6 kΩ 和可调电阻 1.9 kΩ 共同组成分压式欧姆调零电路，1.9 kΩ 可调电阻就是欧姆调零电阻。一般情况下，只要表内电池电压不低于 1.3 V,当 $R_X = 0$ 时，调节欧姆调零器总能使指针指在欧姆标度尺的"0"位置上（$R \times 10$ kΩ 挡除外）。

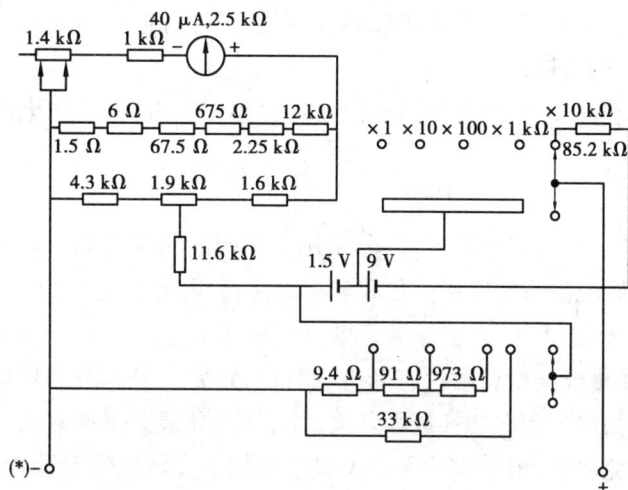

图 2-8　500 型万用表电阻测量电路

500 型万用表的电阻挡共有 5 挡倍率。$R \times 1 \ \Omega \sim R \times 10 \ k\Omega$ 挡各挡的欧姆中心值分别为 $10 \ \Omega, 100 \ \Omega, 1 \ k\Omega, 10 \ k\Omega$ 和 $100 \ k\Omega$。如在 $R \times 1 \ \Omega$ 挡，所用分流电阻为 $9.4 \ \Omega$，加上电池内阻约为 $1 \ \Omega$，再考虑与其他电路的并联，则该挡总内阻为 $10 \ \Omega$。

在 $R \times 1 \ \Omega \sim R \times 1 \ k\Omega$ 各电阻挡，电池电压约为 $1.5 \ V$，采用改变分流电阻的方法扩大量程。在 $R \times 10 \ k\Omega$ 挡，电池电压为 $1.5 \ V + 9 \ V = 10.5 \ V$，同时去掉了分流电阻，再串联一只 $85.2 \ k\Omega$ 的限流电阻，使其欧姆中心值达到 $100 \ k\Omega$。

4. 万用表的使用注意事项

模拟式万用表的型号规格很多，但其工作原理却是大同小异，使用方法也基本相同。下面介绍模拟式万用表的基本使用方法。

（1）万用表的使用之前要调零

为了减小测量误差，在使用万用表之前要先进行机械调零。在测量电阻之前，还要进行欧姆调零。

（2）要正确接线

万用表面板上的插孔和接线柱都有极性标记。使用时将红表笔与"＋"极性插孔相连，黑表笔与"＊"或"－"极性插孔相连。测量直流量时，要注意正、负极性，以免指针反转。测量电流时，仪表应串联在被测电路中；测量电压时，仪表要并联在被测电路两端。在用万用表测量晶体管时，应牢记万用表的红表笔与表内部电池的负极相接，黑表笔与表内部电池的正极相接。

（3）要正确选择测量挡位

测量挡位包括测量对象和量程。如测量电压时应将转换开关放在相应的电压挡，测量电流时应放在相应的电流挡等。如误用电流档去测量电压，会造成短路事故而使仪表损坏。选择电流或电压量程时，最好使指针处在标度尺 2/3 以上的位置；选择电阻量程时，最好使指针处在标度尺的中间位置。这样做的目的是为了尽量减小测量误差。测量时，当不能确定被测电流、电压的数值范围时,应先将转换开关转至对应的最大量程,然后根据指针的偏转程度逐步减小至合适的量程。

严禁在被测电阻带电的情况下用欧姆挡去测量电阻。否则,外加电压极易造成万用表的损坏。

(4)要正确读数

在万用表的表盘上有许多条标度尺,分别用于不同的测量对象。因此测量时要在对应的标度尺上读数,同时应注意标度尺读数和量程的配合,避免出错。

(5)要注意操作安全

在进行高电压测量或测量点附近有高电压时,一定要注意人身和仪表的安全。在作高电压及大电流测量时,严禁带电切换量程开关,否则有可能损坏转换开关。

另外,万用表用完之后,最好将转换开关置于空挡或交流电压最高挡,以防下次测量时由于疏忽而损坏万用表。

5. 数字万用表的使用方法

数字万用表如图2-9所示。

(1)交流电压测量

①将红表笔插入"V Ω"插孔,黑表笔插入"COM"插孔。

②正确选择量程,将功能开关置于 ACV 交流电压量程挡,如果事先不清楚被测电压的大小时,应先选择最高量程挡,根据读数需要逐步调低测量量程挡。

③将测试笔并联到待测电源或负载上,从显示器上读取测量结果。

注意:

①如果事先对被测电压范围没有概念,应将量程开关转到最高挡位,然后根据显示值转至相应挡位上。

②未测量时小电压挡有残留数字,属正常现象不影响测试,如测量时高位显示"1",表明已超过量程范围,须将量程开关转至较高挡位上。

③输入电压切勿超过 700 V,如超过,则有损坏仪表线路的危险。

图2-9 数字万用表

④当测量高压电路时,注意避免触及高压电路。

(2)直流电压测量

①将红表笔插入"VΩ"插孔,黑表笔插入"COM"插孔。

②正确选择量程,将功能开关置于 DCV 直流电压量程挡,如果事先不清楚被测电压的大小时,应先选择最高量程挡,根据读数需要逐步调低测量量程挡。

③将测试笔并联到待测电源或负载上,从显示器上读取测量结果。

注意：

①如果事先对被测电压范围没有概念,应将量程开关转到最高挡位,然后根据显示值转至相应挡位上。

②未测量时小电压挡有残留数字,属正常现象不影响测试,如测量时高位显示"1",表明已超过量程范围,须将量程开关转至较高挡位上。

③输入电压切勿超过 1 000 V,如超过,则有损坏仪表线路的危险。

④当测量高压电路时,注意避免触及高压电路。

（3）交流电流测量

①将黑表笔插入"COM"插孔,红表笔插入"mA"插孔中（最大为 2 A）,或红笔插入"20 A"中（最大为 20 A）。

②将量程开关转至相应的 ACA 挡位上,然后将仪表串入被测电路中。

注意：

①如果事先对被测电流范围没有概念,应将量程开关转到最高挡位,然后按显示值转至相应挡位上。

②如 LCD 显示"1",表明已超过量程范围,须将量程开关调高一挡。

③最大输入电流为 2 A 或者 20 A（视红表笔插入位置而定）,过大的电流会将保险丝熔断,在测量 20 A 时要注意,该挡位无保护,连续测量大电流将会使电路发热,影响测量精度甚至损坏仪表。

（4）直流电流测量

①将黑表笔插入"COM"插孔,红表笔插入"mA"插孔中（最大为 2 A）,或红笔插入"20 A"中（最大为 20 A）。

②将量程开关转至相应的 DCA 挡位上,然后将仪表串入被测电路中,被测电流值及红色表笔点的电流极性将同时显示在屏幕上。

注意：

①如果事先对被测电流范围没有概念,应将量程开关转到最高挡位,然后根据显示值转至相应挡位上。

②如 LCD 显示"1",表明已超过量程范围,须将量程开关调高一挡。

③最大输入电流为 2A 或者 20A（视红表笔插入位置而定）,过大的电流会将保险丝熔断,在测量 20 A 时要注意,该挡位没保护,连续测量大电流将会使电路发热,影响测量精度甚至损坏仪表。

（5）电阻测量

①将黑表笔插入"COM"插孔,红表笔插入 V/Ω/Hz 插孔。

②将所测开关转至相应的电阻量程上,将两表笔跨接在被测电阻上。

注意：

①如果电阻值超过所选的量程值,则会显示"1",这时应将开关转高一挡;当测量电阻值超过 1 MΩ 以上时,读数需几秒时间才能稳定,这在测量高电阻值时是正常的。

②当输入端开路时,则显示过载情形。

③测量在线电阻时,要确认被测电路所有电源已关断而所有电容都已完全放电时,才可进行。

④请勿在电阻量程输入电压。

(6)仪表保养

万用表是精密仪器,使用者不要随意更改电路。

注意:

①不要将高于 1 000 V 直流电压或 700 V 的交流电压接入。

②不要在量程开关为 Ω 位置时,去测量电压值。

③在电池没有装好或后盖没有上紧时,不要使用此表进行测试工作。

④在更换电池或保险丝前,请将测试表笔从测试点移开,并关闭电源开关。

(7)电池更换

注意 9 V 电池使用情况,当 LCD 显示出"⊟⊟"符号时,应更换电池,步骤如下:

①按指示拧动后盖上电池门两个固定锁钉,退出电池门;

②取下 9 V 电池,换上一个新的电池,虽然任何标准 9 V 电池都可使用,但为加长使用时间,最好用碱性电池。

③如果长时间不用仪表,应取出电池。

五、工作任务评价

各小组派代表上台说明测量结果和讲述测量方法。

$U_{uv} =$ V;$U_{uw} =$ V;$U_{vw} =$ V。

$U_{un} =$ V;$U_{vn} =$ V;$U_{wn} =$ V。

六、操作步骤

1. 操作步骤

①阅读本任务相关理论知识。

②检查万用表是否完好。万用表外壳应完好,挡位应灵活,表笔绝缘应完整,导线应完好无损。

③用模拟式万用表的交流电压挡和直流电压挡分别测量交流电压和直流电压。

④用模拟式万用表欧姆挡测量电阻。

2. 工作任务实施

①测试隔离变压器输出电源的"U""V""W""N""PE"5 个接线端子电压值并记录。

②测试变压器输出电源的"110 V""24 V""6.3 V""0 V""PE"5 个接线端子电压值并记录。

③开关电源"DC +24 V""0 V"两个接线端子电压值并记录。

为了更好地完成任务,你可能需要获得以下资讯:

①交流电压测量时将红表笔插入_____插孔,黑表笔插入_____插孔;正确选择量程,将功能开关置于_____量程挡,如果事先不清楚被测电压的大小时,应先选择_____量程挡,根据读数需要逐步_____测量量程挡;将测试笔_____连到待测电源或负载上,从显示器上读取测量结果。

②直流电压测量时将功能开关置于_____量程挡。

③电阻测量时将黑表笔插入_____插孔,红表笔插入_____插孔;将所测开关转至相应的_____量程上,将两表笔跨接在被测电阻上。注意:测量在线电阻时,要确认被测电路所有电源已_____而所有电容都已完全_____时,才可进行。

七、实训结果记录与评价

工作任务评价表见附表一。

八、任务巩固与提高

①按获取测量结果的方式分类,电阻测量方法可以分哪几类? 其中哪一类测量方法的准确度最高? 哪一类最低?

②为什么不能用万用表欧姆挡测量电气设备的绝缘电阻?

九、技能拓展

①运用所学的技能测量直流电流。

②不同阻值电阻怎么测量?

任务二　直流单臂电桥测量训练

一、任务描述

电阻的测量在电工测量中占有十分重要的地位,如测量线路的通断,判断电气设备和线路的故障所在,测量电阻阻值的变化等。工程中所测量的电阻值一般在 1 太欧($1 \times 10^{12}\Omega$) ~1 微欧($1 \times 10^{-6}\Omega$)的范围内。实际中为了选用合适的测量电阻的方法,减小测量误差,通常可将电阻按其电阻阻值大小分为 3 类:1 Ω 以下为小电阻,1~100 kΩ 为中电阻,100 kΩ 以上为大电阻。

二、课时安排

12 课时。

三、学习目标

①熟悉直流单臂电桥的结构及工作原理。
②掌握用直流单臂电桥测量电阻的方法。

四、工作准备

(一)工具、设备、器材、资料的准备

1.工具、设备的准备

为完成工作任务,每个工作小组需要向仓库工作人员提供借用工具、设备清单,见表 2-5。

表 2-5 借用工具、设备清单

序　号	名　　称	数　量	借出时间	学生签名	归还时间	学生签名	管理员
1	直流单臂电桥	1					
2	万用表	1					
3	三相异步电动机	1					
4	劳保用品	1					

2.材料的准备

为完成工作任务,每个工作小组需要向仓库工作人员提供借用材料清单,见表 2-6。

表 2-6 借用材料清单

序　号	名　　称	数　量	借出时间	学生签名	归还时间	学生签名	管理员
1	电阻箱	1					
2	1 Ω 以上的中电阻	1					

3. 资料的准备

为完成工作任务,每个工作小组需要向仓库工作人员提供借用资料清单,见表2-7。

表 2-7 借用资料清单

序 号	名 称	数量	借出时间	学生签名	归还时间	学生签名	管理员
1	图纸	1					
2	说明书	1					
3	维修记录	1					
4	电业安全操作规程	1					
5	电工手册	1					
6	电气安装施工规范	1					

(二)相关理论知识的准备

1. 直流单臂电桥的结构及工作原理

电桥是一种常用的比较式仪表,它是用准确度很高的元件(如标准电阻器、电感器、电容器)作为标准量,然后用比较的方法去测量电阻、电感、电容等电路参数,因此,电桥测量的准确度很高。电桥的种类很多,可分为交流电桥(用于测量电感、电容等交流参数)和直流电桥。直流电桥又分为单臂电桥和双臂电桥两种。

直流单臂电桥又称为惠斯登电桥,是一种专门用来测量中电阻的精密测量仪器。如图2-10所示为它的原理图,R_X,R_2,R_3,R_4分别组成电桥的4个臂。其中R_X叫被测臂,R_2,R_3构成比例臂,R_4叫比较臂。

当接通按钮开关SB后,调节与标准电阻R_2,R_3,R_4,使检流计 P 的指示为零,即$I_P=0$,这种状态称为电桥的平衡状态。

电桥平衡时,$I_P=0$,表明电桥两端c,d的电位相等,故有$K_{TA}=\dfrac{I_{1N}}{I_{2N}}$

$$U_{ac}=U_{ad} \qquad U_{cb}=U_{db}$$

即
$$I_1 R_X=I_4 R_4 \qquad I_2 R_2=I_3 R_3$$

又由于电桥平衡时,$I_P=0$,则有$I_1=I_2$,$I_3=I_4$,代入以上两式,并将两式相除,可得

$$\frac{R_X}{R_2}=\frac{R_4}{R_3}$$

$$R_2 R_4=R_X R_3$$

上式称为电桥的平衡条件。它说明,电桥相对臂电阻的乘积相等时,电桥就处于平衡状态,检流计中的电流$I_P=0$。

整理上式得

$$R_X=\frac{R_2}{R_3}R_4$$

上式说明,电桥平衡时,被测电阻 R_X = 比例臂倍率 × 比较臂读数。

由以上分析可知,提高电桥准确度的条件是:标准电阻 R_2,R_3,R_4 的准确度要高;检流计的灵敏度也要高,以确保电桥真正处于平衡状态。

2. QJ23 型直流单臂电桥简介

QJ23 型直流单臂电桥是一种电工常用的比较式仪表,其外形图及电路图如图 2-11 所示。它的比例臂 R_2/R_3 由 8 个标准电阻组成,共分为 7 挡,由转换开关 SA 换接。比例臂的读数盘设在面板左上方。比较臂 R_4 由 4 个可调标准电阻组成,它们分别由面板上的 4 个读数盘控制,可得到从 0～9 999 Ω 范围内的任意电阻值,最小步进值为 1 Ω。

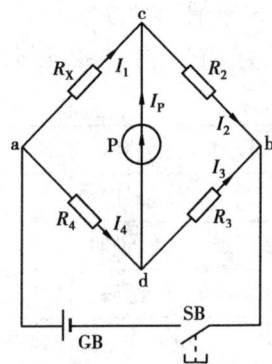

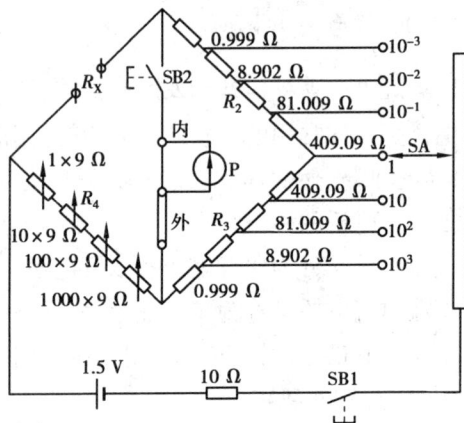

图 2-10　直流单臂电桥原理图

图 2-11　QJ23 型直流单臂电桥外形图及电路图

面板上标有"R_X"的两个端钮用来连接被测电阻,当使用外接电源时,可从面板左上角标有"B"的两个端钮接入。如需使用外附检流计时,应用连接片将内附检流计短路;再将外附检流计接在面板左下方标有"外接"的两个端钮上。

五、操作步骤

直流单臂电桥的型号很多,但是操作方法基本相同。下面以 QJ23 型直流单臂电桥测量电动机绕组的直流电阻为例,说明其测量电阻的步骤。

步骤 1:电桥调试。

打开检流计机械锁扣,调节调零器使指针指在零位,如图 2-12 所示。

提示:

①发现电桥电池电压不足应及时更换,否则将影响电桥的灵敏度。

②采用外接电源时,必须注意电源的极性。将电源的正、负极分别接到"＋""－"端钮,

且不要使外接电源电压超过电桥说明书上的规定值。

步骤2：估测被测电阻，选择比例臂。

如图2-13所示，用万用表估测电阻值，选择适当的比例臂，使比例臂的4挡电阻都能充分利用，以获得4位有效数字的读数。若估测电阻值为几千欧时，比例臂应选×1挡；估测电阻值为几十欧时，比例臂选×0.01挡；估测电阻值为几欧时，比例臂选×0.001挡。

图2-12　调节调零器使指针指在零位　　　图2-13　选择适当的比例臂

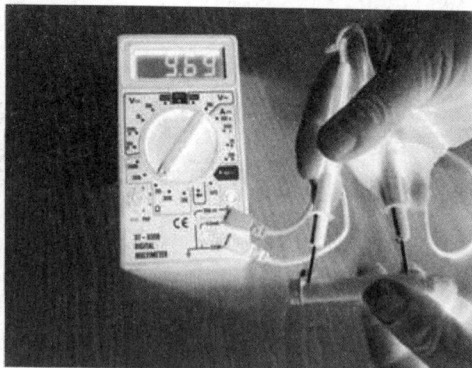

提示：

用万用表估测被测电阻值应尽量准确，比例臂选择务必正确，否则会产生很大的测量误差，从而失去精确测量的意义。

步骤3：接入被测电阻。

接入被测电阻时，应采用较粗较短的导线连接，并将接头拧紧。

步骤4：接通电路，调节电桥比例臂使之平衡。

如图2-14所示，测量时应先按下电源按钮，再按下检流计按钮，使电桥电路接通。此时，若检流计指针向"＋"方向偏转，则应增大比较臂电阻；反之，则应减小比较臂电阻。如此反复调节，直至检流计指针指零。

步骤5：计算电阻值。

被测电阻值 ＝ 比例臂读数×比较臂读数

步骤6：关闭电桥。

先断开检流计按钮，再断开电源按钮，然后拆除被测电阻，最后锁上检流计的机械锁扣。

对于没有机械锁扣的检流计，应将按钮"G"按下并锁住。

步骤7：电桥保养。

每次测量结束后，都应将盒盖盖好，存放于干燥、避光、无振动的场合。发现电池电压不足时应及时更换，否则将影响电桥的灵敏度。当采用外接电源时，必须注意电源极性。将电源的正、负极分别接到"＋""－"端，且不要使外接电源电

图2-14　先按下电源按钮，
再按下检流计按钮

压超过电桥说明书上的规定值,否则有可能烧坏桥臂电阻。

搬动电桥时应小心,做到轻拿轻放,否则易使检流计损坏。

六、实训结果记录与评价

工作任务评价表见附表一。

任务三　直流双臂电桥测量训练

一、任务描述

电阻的测量在电工测量中占有十分重要的地位,如测量线路的通断,判断电气设备和线路的故障所在,测量电阻阻值的变化等。工程中所测量的电阻值一般在 1 太欧$(1 \times 10^{12}\Omega)$ ~1 微欧$(1 \times 10^{-6}\Omega)$的范围内。实际中为了选用合适的测量电阻的方法,减小测量误差,通常可将电阻按其电阻阻值大小分为 3 类:1 Ω 以下为小电阻,1 ~ 100 kΩ 为中电阻,100 kΩ 以上为大电阻。

二、课时安排

12 课时。

三、学习目标

①熟悉直流双臂电桥的结构及工作原理。
②掌握直流双臂电桥的使用方法。

四、工作准备

(一)工具、设备、器材、资料的准备

1. 工具、设备的准备

为完成工作任务,每个工作小组需要向仓库工作人员提供借用工具、设备清单,见表 2-8。

表 2-8　借用工具、设备清单

序　号	名　　称	数　量	借出时间	学生签名	归还时间	学生签名	管理员
1	直流双臂电桥	1					
2	万用表	1					
3	劳保用品	1					

2. 材料的准备

为完成工作任务,每个工作小组需要向仓库工作人员提供借用材料清单,见表2-9。

表 2-9　借用材料清单

序　号	名　　称	数　量	借出时间	学生签名	归还时间	学生签名	管理员
1	长 10 m、截面为 1.5 mm² 的铜、铝导线	1					

3. 资料的准备

为完成工作任务,每个工作小组需要向仓库工作人员提供借用资料清单,见表2-10。

表 2-10　借用资料清单

序　号	名　　称	数　量	借出时间	学生签名	归还时间	学生签名	管理员
1	图纸	1					
2	说明书	1					
3	维修记录	1					
4	电业安全操作规程	1					
5	电工手册	1					
6	电气安装施工规范	1					

（二）相关理论知识的准备

1. 直流双臂电桥的构造及工作原理

直流双臂电桥又称为凯文电桥。和直流单臂电桥相比,它能够消除接线电阻和接触电阻对测量结果的影响,因此,直流双臂电桥是专门用来精密测量 1 Ω 以下小电阻的仪器。

直流双臂电桥的原理电路如图 2-15 所示。与单臂电桥不同,被测电阻 R_x 与标准电阻 R_4 共同组成一个桥臂,标准电阻 R_n 和 R_3 组成另一个桥臂,R_x 与 R_n 之间用一阻值为 r 的导线连接起来。为了消除接线电阻和接触电阻的影响,R_x 与 R_n 都采用两对端钮,即电流端钮 C_1,C_2,C_{n1},C_{n2},电位端钮 P_1,P_2,P_{n1},P_{n2}。桥臂电阻 R_1,R_2,R_3,R_4 都是阻值大于 10 Ω 的标准电阻。R 是限流电阻,可防止仪表中电流过大。

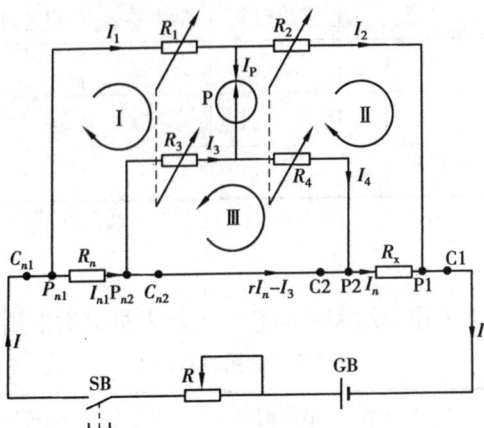

图 2-15　直流双臂电桥的原理电路图

调节各桥臂的电阻,使检流计指零,即 $I_P = 0$,此时 $I_1 = I_2$,$I_3 = I_4$。根据基尔霍夫第二定律可写出 3 个回路电压方程:

对 I 回路　　　　　　　　　　$I_1 R_1 = I_n R_n + I_3 R_3$

对 II 回路　　　　　　　　　 $I_1 R_2 = I_n R_n + I_3 R_4$

对 III 回路　　　　　　　　 $(I_n - I_3)r = I_3(R_3 + R_4)$

解方程组求得:

$$R_X = \frac{R_2}{R_1}R_n + \frac{rR_2}{r + R_3 R_4}\left(\frac{R_3}{R_1} - \frac{R_4}{R_2}\right)$$

上式表示,用双臂电桥测量电阻时,R_X 由两项决定。其中第一项与单臂电桥相同,第二项称为"校正项"。为了使双臂电桥平衡时,求解 R_X 的公式与单臂电桥相同,即 $R_X = R_1 R_n$,就必须使校正项等于零。所以,要求 $\dfrac{R_3}{R_1} = \dfrac{R_4}{R_2}$,同时使 $r \to 0$。

此时,若电桥平衡,则被测电阻 R_X = 比例臂倍率 × 比较臂读数。

2. QJ103 型直流双臂电桥简介

QJ103 型双臂电桥的原理电路如图 2-16 所示。4 个桥臂电阻做成固定倍率的形式,通过机械联动转换开关 SA 的转换,可得到 ×100,×10,×1,×0.1 和 ×0.01 共 5 个固定倍率,并保持 $\dfrac{R_3}{R_1} = \dfrac{R_4}{R_2}$。标准电阻 R_n 的数值可在 0.01 ~ 0.11 Ω 范围内连续调节,其调节旋钮与读数盘一起装在面板上。测量时,调节倍率旋钮和 R_n 的调节旋钮使电桥平衡,检流计指零,此时,被测电阻 = 倍率数 × 读数盘读数。

QJ103 型直流双臂电桥的测量范围是 0.001 ~ 11 Ω,使用 1.5 ~ 2 V 的直流电源,并备有外接电源用的接线端子。

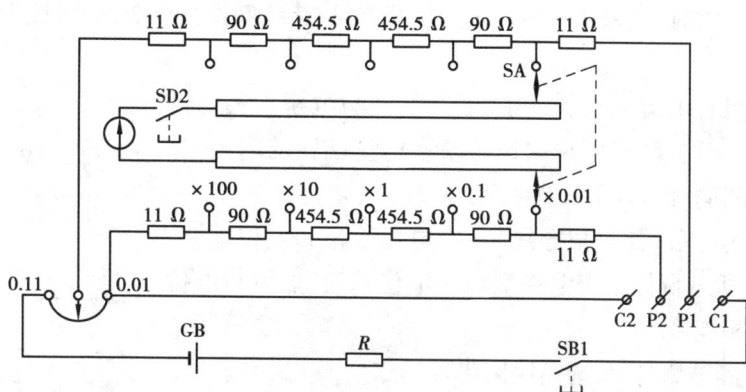

图 2-16　QJ103 型双臂电桥的原理电路图

五、操作步骤

直流双臂电桥的型号很多,其操作方法与直流单臂电桥基本相同。下面以 QJ103 型直流双臂电桥为例,说明其测量电阻的步骤。

步骤 1:电桥调试。

QJ103 型电桥面板如图 2-17 所示,打开检流计机械锁扣,调节调零器使指针指在零位。

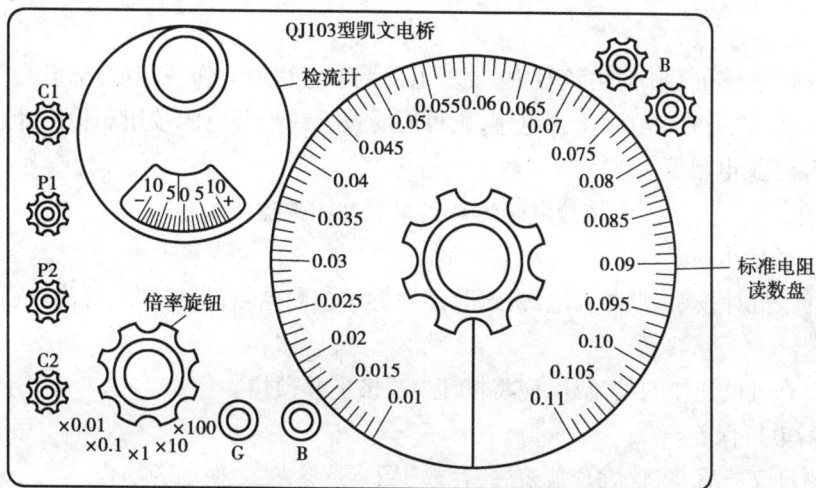

图 2-17　QJ103 型电桥面板

提示:

①发现电桥电池电压不足应及时更换,否则将影响电桥的灵敏度。

②当采用外接电源时,必须注意电源的极性。将电源的正、负极分别接到"＋""－"端钮,且不要使外接电源电压超过电桥说明书上的规定值。

步骤 2:接入被测电阻。

接入被测电阻时,应采用较粗较短的导线连接,接线间不得绞合,并将接头拧紧。

提示:

①被测电阻有电流端钮和电位端钮时,要与电桥上相应的端钮相连接。同时要注意电位端钮总是在电流端钮的内侧,且两电位端钮之间的电阻就是被测电阻。

②如果被测电阻(如一根导线)没有电流端钮和电位端钮,则可按图 2-18 所示自行引出电流端钮和电位端钮,然后与电桥上相应的端钮相连接。

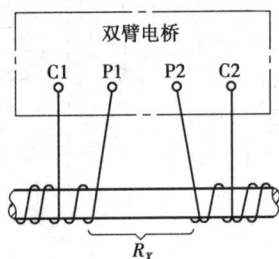

图 2-18　双臂电桥测量导线电阻接线图

步骤 3:估测被测电阻,选择比例臂。

用万用表估测被测电阻值,选择适当的倍率挡。如估测电阻值为几欧时,倍率选 ×100 挡;估测电阻值为零点几欧时,倍率选 ×10 挡;估测电阻值为零点零几欧时,倍率选 ×1 挡等。

提示:

测量时,倍率选择务必正确,否则会产生很大的测量误差,从而失去精确测量的意义。

步骤 4:接通电路,调节电桥倍率使之平衡。

先按下电源按钮,再按下检流计按钮,观察检流计指针偏转情况。若检流计指针向“ + ”方向偏转,则应增大读数盘读数;反之,则应减小读数盘读数。如此反复调节,直至检流计指针指零。

提示:

由于双臂电桥在工作时电流较大,要求上述调节过程中动作一定要迅速,以免电池耗电量过大。另外,如果被测电阻不含电感,则可同时按下或松开电源按钮和检流计按钮。

步骤 5:计算电阻值。

$$被测电阻值 = 倍率数 × 读数盘读数$$

步骤 6:关闭电桥。

先断开检流计按钮,再断开电源按钮,然后拆除被测电阻,最后锁上检流计锁扣。

提示:

对于没有机械锁扣的检流计,应将按钮“G”按下并锁住。

步骤 7:电桥保养。

每次测量完毕后,将仪表盒盖盖好,存放于干燥、避光、无振动的场合。

六、实训结果记录与评价

工作任务评价表见附表一。

七、任务巩固与提高

①按获取测量结果的方式分类,电阻测量方法可以分哪几类? 其中哪一类测量方法的准确度最高? 哪一类最低?

②单臂电桥法和双臂电桥法的优点是什么? 缺点是什么? 要精确测量一段短导线的电阻,应采用哪种方法测量?

③电桥平衡的条件是什么? 电桥平衡时有哪些特点?

④简述用直流单臂电桥测量约为 918 Ω 电阻的步骤。

⑤选用兆欧表时,为什么要求兆欧表的额定电压要与被测电气设备的工作电压相适应?

八、技能拓展

①直流双臂电桥在结构上采用了哪些措施?

②简述用直流双臂电桥测量电阻的步骤。

③为什么不能用万用表欧姆挡测量电气设备的绝缘电阻?

任务四　兆欧表的使用训练

一、任务描述

电阻的测量在电工测量中占有十分重要的地位,如测量线路的通断,判断电气设备和线路的故障所在,测量电阻阻值的变化等。工程中所测量的电阻值一般在 1 太欧(1×10^{12} Ω) ~ 1 微欧(1×10^{-6} Ω)的范围内。实际中为了选用合适的测量电阻的方法,减小测量误差,通常可将电阻按其电阻阻值大小分为 3 类:1 Ω 以下为小电阻,1 ~ 100 kΩ 为中电阻,100 kΩ 以上为大电阻。

二、课时安排

12 课时。

三、学习目标

①熟悉兆欧表的结构及工作原理。

②掌握兆欧表的使用方法。

四、工作准备

（一）工具、设备、器材、资料的准备

1. 工具、设备的准备

为完成工作任务,每个工作小组需要向仓库工作人员提供借用工具、、设备清单,见表 2-11。

表 2-11　借用工具、设备清单

序　号	名　　称	数　量	借出时间	学生签名	归还时间	学生签名	管理员
1	兆欧表	1					
2	三相笼型异步电动机	1					
3	验电笔	1					
4	钢丝钳	1					
5	尖嘴钳	1					
6	断线钳	1					
7	剥线钳	1					
8	电工刀	1					
9	斜口钳	1					
10	压线钳	1					
11	万用表	1					

2. 材料的准备

为完成工作任务,每个工作小组需要向仓库工作人员提供借用材料清单,见表 2-12。

表 2-12　借用材料清单

序　号	名　　称	数　量	借出时间	学生签名	归还时间	学生签名	管理员
1	500 V ,0 ~ 500 MΩ	1					
2	三相笼型异步电动机	1					

3. 资料的准备

为完成工作任务,每个工作小组需要向仓库工作人员提供借用资料清单,见表 2-13。

表 2-13　借用资料清单

序　号	名　　称	数　量	借出时间	学生签名	归还时间	学生签名	管理员
1	图纸	1					
2	说明书	1					
3	维修记录	1					
4	电业安全操作规程	1					
5	电工手册	1					
6	电气安装施工规范	1					

（二）相关理论知识的准备

1. 兆欧表的构造

在实际工作中,要测量电气设备绝缘性能的好坏,往往需要测量它的绝缘电阻。正常情况下,电气设备的绝缘电阻数值都非常大,通常在几兆欧甚至几百兆欧,远远大于万用表欧姆挡的有效量程。在此范围内,欧姆表刻度的非线性会造成很大的误差。另外,由于万用表内的电池电压太低,而在低电压下测量的绝缘电阻不能真实反映在高电压下绝缘电阻的真正数值。因此,电气设备的绝缘电阻必须用一种本身具有高压电源的仪表进行测量。这种仪表就是兆欧表,又称为"绝缘电阻表",俗称为"摇表"。

兆欧表是一种专门用来测量电气设备绝缘电阻的便携式仪表。一般的兆欧表主要由手摇直流发电机、磁电系比率表以及测量线路组成。手摇直流发电机的额定电压主要有500 V,1 000 V,2 500 V 等几种。手摇直流发电机上装有离心调速装置,能使转子恒速转动。兆欧表的测量机构通常采用磁电系比率表,它的主要构造包括一个永久磁铁和两个固定在同一转轴上且彼此相差一定角度的线圈。电路中的电流通过无力矩的游丝分别引入两个线圈,使其中一个线圈产生转动力矩;另一个线圈产生反作用力矩。仪表气隙内的磁场是不均匀的,这样的结构可以使仪表可动部分的偏转角 α 与两个线圈中电流的比率有关,故又称为"磁电系比率表"。兆欧表的外形和内部构造如图 2-19 所示。

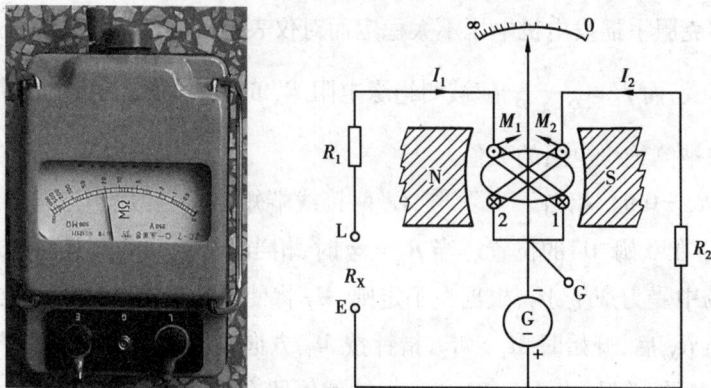

图 2-19　兆欧表的外形和内部结构

目前生产的兆欧表也有很多采用手摇交流发电机的,其输出的交流电压经过倍压整流后,供给测量线路使用,倍压整流电路如图2-20所示。

由于采用倍压整流,所需的交流电压只是直流发电机电压的1/2,因此被广泛使用。另外,还有用220 V交流电压作电源或用电池作电源的兆欧表。但是不论采用何种电源,最终都要转换成直流电压。

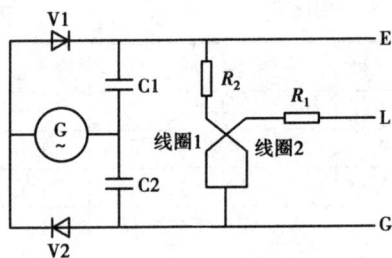

图2-20 倍压整流电路

2. 兆欧表的工作原理

使用兆欧表时,被测电阻 R_x 接在"L"与"E"两端钮之间。摇动直流发电机的手柄,发电机两端产生较高的直流电压,线圈1和线圈2同时通电。通过线圈1的电流 I_1 与气隙磁场相互作用产生转动力矩 M_1;通过线圈2的电流 I_2 也与气隙磁场相互作用产生反作用力矩 M_2,转动力矩 M_1 与反作用力矩 M_2 方向相反,由于气隙磁场是不均匀的,因此转动力矩 M_1 不仅与线圈1的电流 I_1 成正比,而且还与线圈1所处的位置(用指针偏转角 α 表示)有关,即

$$M_1 = I_1 f_1(\alpha)$$

同理可得

$$M_2 = I_2 f_2(\alpha)$$

由于转动力矩 M_1 与反作用力矩 M_2 方向相反,当 $M_1 = M_2$ 时,可动部分平衡。

此时

$$I_1 f_1(\alpha) = I_2 f_2(\alpha)$$

整理成

$$\frac{I_1}{I_2} = \frac{f_1(\alpha)}{f_2(\alpha)} = f(\alpha)$$

由此可得

$$\alpha = F\left(\frac{I_1}{I_2}\right)$$

上式说明,兆欧表指针的偏转角 α 只取决于两个线圈电流的比值,而与其他因素无关。

兆欧表能够克服手摇发电机电压不太稳定而对仪表指针偏转角产生影响的缺点。由于 I_2 的大小一般不变,而 $I_1 = \dfrac{U}{R_1 + R_x}$ 随被测绝缘电阻 R_x 的改变而变化,因此可动部分的偏转角 α 能直接反映被测绝缘电阻的数值。

特别地,当 $R_x = 0$ 时,相当于"L"与"E"两接线端短路,只要适当选择 R_1 的数值,就能使指针平衡,并指在欧姆"0"的位置。当 $R_x = \infty$ 时,相当于"L"与"E"两接线端开路,$I_1 = 0$,而 I_1 在气隙磁场中受力产生 M_2,根据左手定则,M_2 将使线圈2逆时针转动至最左端的欧姆"∞"位置。接通 R_x 后,开始时 $M_1 > M_2$,指针按 M_1 方向顺时针转动。由于磁场不均匀,M_1 将逐渐减弱,M_2 逐渐增强,当 $M_1 = M_2$ 时,指针就停留在某一位置上,指示出被测电阻的大小。可见,兆欧表的标度尺为反向刻度,如图2-19所示。

3. ZC-7 型兆欧表简介

ZC-7 型携带式兆欧表适用于测量各种电机、电缆、变压器、电信元器件、家用电器和其他电气设备的绝缘电阻。该表内部采用手摇交流发电机,然后通过整流滤波电路将交流电转换成仪表所需要的直流电压。

ZC-7 型兆欧表目前主要有 4 种规格,可根据需要选择不同规格的兆欧表。其内部线路图和外形图如图 2-21 所示,其测量范围及额定输出电压见表 2-14。

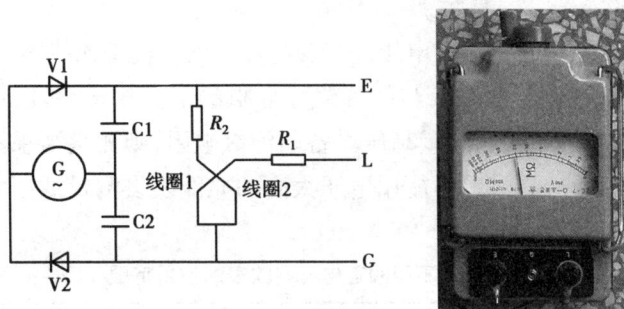

图 2-21　ZC-7 型兆欧表的内部线路图和外形图

表 2-14　ZC-7 型兆欧表测量范围及额定输出电压

型　号	额定电压		测量范围/MΩ
	/V	误　差	
ZC-7-1	100		0 ~ 100
ZC-7-2	250	±10%	0 ~ 250
ZC-7-3	500		0 ~ 500
ZC-7-4	1 000		0 ~ 1 000

4. 使用兆欧表的注意事项

①测量绝缘电阻必须在被测设备和线路断电的状态下进行。对含有大电容的设备,测量前应先进行放电,测量后也应及时放电,放电时间不得小于 2 min,以保证人身安全。

②兆欧表与被测设备间的连接导线不能用双股绝缘线或绞线,应用单股线分开单独连接,以避免线间电阻引起的测量误差。

③摇动手柄时应由慢渐快至额定转速 120 r/min。在此过程中,若发现指针指零,则说明被测绝缘物发生短路事故,应立即停止摇动手柄,避免表由线圈因发热而损坏。

④测量具有大电容设备的绝缘电阻,读数后不能立即停止摇动兆欧表,以防止已充电的设备放电而损坏兆欧表。此时应在读数后一边降低手柄转速,一边拆去接地线。在兆欧表停止转动和被测物充分放电之前,不能用手触及被测设备的导电部分。

⑤测量设备的绝缘电阻时,应记录测量时的温度、湿度、被测设备的状况等,以便于分析

测量结果。

⑥测量绝缘电阻的结果如低于规定值,应及时进行处理,否则可能发生人身和设备的安全事故。

五、操作步骤

步骤 1:选择兆欧表。

选择兆欧表的原则:一是其额定电压一定要与被测电气设备或线路的工作电压相适应,见表 2-15;二是兆欧表的测量范围要与被测绝缘电阻的范围相符合,以免引起大的读数误差。如果用 500 V 以下的兆欧表测量高压设备的绝缘电阻,则测量结果不能正确反映其工作电压下的绝缘电阻值。同样,也不能用电压太高的兆欧表去测量低压电气设备前绝缘电阻,以免损坏其绝缘。

表 2-15　不同额定电压兆欧表的使用范围

测量对象	被测设备的额定电压/V	兆欧表的额定电压/V
线圈绝缘电阻	<500	500
电力变压器、电机线圈	≥500	1 000 ~ 2 500
发电机线圈绝缘电阻	≤380	1 000
电气设备绝缘电阻	<500	500 ~ 1 000
	≥500	2 500
绝缘子	—	2 500 ~ 5 000

步骤 2:兆欧表的接线。

兆欧表有 3 个接线端钮,分别标有 L(线路)、E(接地)和 G(屏蔽),使用时应按测量对象的不同来选用。当测量电力设备对地的绝缘电阻时,应将 L 接到被测设备上,并将 E 可靠接地。

步骤 3:检查兆欧表。

使用兆欧表之前要先检查其是否完好。检查步骤是:在兆欧表未接通被测电阻之前,摇动手柄使发电机达到 120 r/min 的额定转速,观察指针是否指在标度尺"∞"的位置,如图 2-22 所示。

再将端钮 L 和 E 短接,缓慢摇动手柄,观察指针是否指在标度尺的"0"的位置,如图2-23所示。

如果指针不能指在相应的位置,表明兆欧表有故障,必须检修后才能使用。

图 2-22　摇动手柄,观察指针
是否指在标度尺"∞"的位置

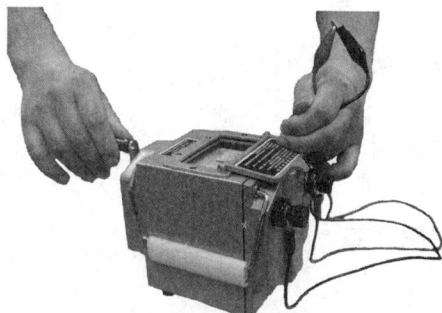

图 2-23　慢摇手柄,观察指针
是否指在标度尺"0"的位置

六、实训结果记录与评价

工作任务评价表见附表一。

七、任务巩固与提高

①为什么不能用万用表欧姆挡测量电气设备的绝缘电阻?

②已知兆欧表的指针偏转角 α 与电源电压无关,为什么又要求其电源电压不能太低?

③选用兆欧表时,为什么要求兆欧表的额定电压要与被测电气设备的工作电压相适应?

④兆欧表应如何接线?"G"屏蔽端子的作用是什么?

任务五　接地电阻测量仪的使用训练

一、任务描述

电阻的测量在电工测量中占有十分重要的地位,如测量线路的通断,判断电气设备和线路的故障所在,测量电阻阻值的变化等。工程中所测量的电阻值一般在 1 太欧($1 \times 10^{12} \Omega$) ~ 1 微欧($1 \times 10^{-6} \Omega$)的范围内。实际中为了选用合适的测量电阻的方法,减小测量误差,通常可将电阻按其电阻阻值大小分为 3 类:1 Ω 以下为小电阻,1 ~ 100 kΩ 为中电阻,100 kΩ 以上为大电阻。

二、课时安排

12 课时。

三、工作准备

（一）工具、设备、器材、资料的准备

1. 工具、设备的准备

为完成工作任务，每个工作小组需要向仓库工作人员提供借用工具、设备清单，见表 2-16。

表 2-16　借用工具、设备清单

序号	名　称	数量	借出时间	学生签名	归还时间	学生签名	管理员
1	接地电阻测量仪	1					
2	接地装置	1					
3	验电笔	1					
4	钢丝钳	1					
5	尖嘴钳	1					
6	断线钳	1					
7	剥线钳	1					
8	电工刀	1					
9	斜口钳	1					
10	压线钳	1					
11	万用表	1					

2. 材料的准备

为完成工作任务，每个工作小组需要向仓库工作人员提供借用材料清单，见表 2-17。

表 2-17　借用材料清单

序号	名　称	数量	借出时间	学生签名	归还时间	学生签名	管理员
1	铁榔头	1					

3. 资料的准备

为完成工作任务，每个工作小组需要向仓库工作人员提供借用资料清单，见表 2-18。

表 2-18　借用资料清单

序号	名　称	数量	借出时间	学生签名	归还时间	学生签名	管理员
1	图纸	1					
2	说明书	1					
3	维修记录	1					
4	电业安全操作规程	1					
5	电工手册	1					
6	电气安装施工规范	1					

（二）相关理论知识的准备

1. 接地电阻测量仪

生产实际中，为了保证电气设备的安全和正常工作，电气设备的某些导电部分应与接地体用接地线进行连接，这就叫接地。例如避雷装置的接地，发电机、变压器的中性点接地，仪用互感器的二次侧接地等。接地线和接地体都采用金属导体制成，统称为接地装置。接地装置的接地电阻应包括接地线电阻、接地体电阻、接地体与土壤的接触电阻以及接地体与零电位（大地）之间的土壤电阻。实际上由于接地线和接地体的电阻很小，接地电阻的大小主要和接地体与大地的接触面积是否良好有关，还与土壤的性质及湿度有关。

接地的目的是为了保证人身和电气设备的安全，以及设备的正常工作。如果接地电阻不符合要求，不但安全得不到保证还会造成严重的事故。因此，定期测量接地装置的接地电阻是安全用电的保障。

测量接地电阻的方法很多，有电桥法、电流表—电压表法、补偿法等。下面介绍的 ZC-8 型接地电阻测量仪，是根据补偿法原理制成的一种专门用于测量接地装置接地电阻的仪器。

2. ZC-8 接地电阻测量仪的构造及工作原理

ZC-8 型接地电阻测量仪采用了补偿法测量接地电阻的原理，其原理如图 2-24（a）所示。它主要由手摇交流发电机、电流互感器、电位器以及检流计组成。其附件有两根接地探针（P′ 叫电位探针，C′ 叫电流探针）和 3 根导线（长 5 m 的一根用于连接接地极，20 m 的一根用于连接电位探针，40 m 的用于连接电流探针）。被测接地电阻 R_X 位于接地体 E′ 和 P′ 之间，但不包括 P′ 与 C′ 之间的电阻 R_C。

手摇交流发电机输出电流 I 经电流互感器 TA 的一次侧→接地体 E′→大地→电流探针 C′→发电机，构成闭合回路。当电流 I 流入大地后，经接地体 E′ 向四周散开。离接地体越远，电流通过的截面越大，电流密度越小。一般认为，到 20 m 处时，电流密度为零。电流 I 在流过接地电阻 R_x 时产生的压降 IR_x，在流经 R_C 时产生压降 IR_C，其电位分布如图 2-24（b）所示。

若电流互感器的变流比为 K，则其二次侧电流为 KI，它流过电位器 RP 时产生的压降为

KIR_S（R_S 是 R_P 最左端与滑动触点之间的电阻）。调节 R_p 使检流计指针指零,则有

$$IR_X = KIR_S$$

$$R_X = KR_S$$

上式说明,被测接地电阻 R_X 的值,可由电流互感器的变流比 K 以及电位器的电阻 R_S 来确定,而与 R_C 无关。

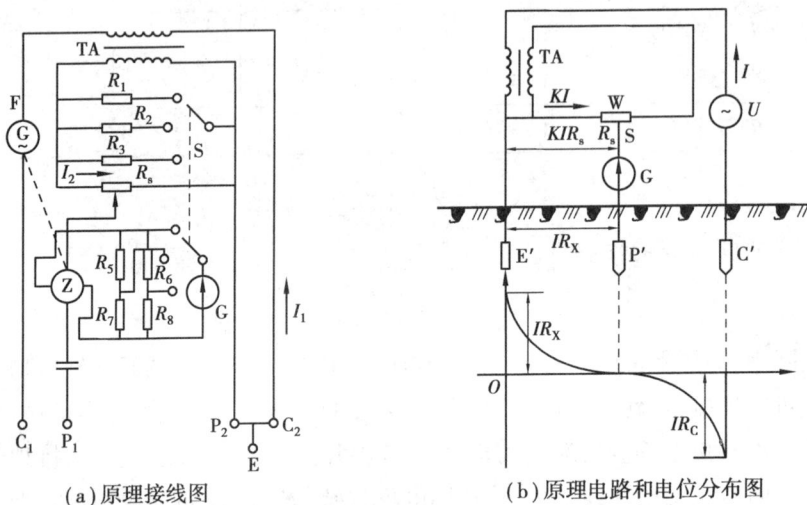

（a）原理接线图　　　　　　（b）原理电路和电位分布图

图 2-24　ZC-8 型接地电阻测量仪的工作原理

3. ZC-8 型接地电阻测量仪简介

ZC-8 型接地电阻测量仪的外形及内部电路如图 2-25 所示。由于它的外形与摇表相似,因此又称为接地摇表。图示电路中有 4 个端钮,其中 P_2,C_2 可短接后引出一个端钮 E,将 E 与被测接地极 E′ 相接即可。端钮 C_1 接电流探针,P_1 接电位探针。

为减小测量误差,根据被测接地电阻大小划分,仪表有 0 ~ 1 Ω,0 ~ 10 Ω 和 0 ~ 100 Ω 3 个量程,用联动转换开关 S 同时改变电流互感器二次侧的并联电阻 R_1—R_3,以及与检流计并联的电阻 R_5—R_8,即可改变量程。

设电流互感器 TA 的一次侧电流为 I_1,二次侧流经电位器 R_p 的电流为 I_2。则接通 R_1 时,$I_1 = I_2$,即 $K = 1$;接通 R_1 时,$I_2 = \frac{1}{10}I_1$,即 $K = \frac{1}{10}$;接通 R_3 时,$I_2 = \frac{1}{100}I_1$,即 $K = \frac{1}{100}$。

调节仪表面板上电位器的旋钮使检流计指零,可由读数盘上读得 R_S 的值,则 $R_X = KR_S$。

接地电阻测量仪应采用交流电源。因为土壤的导电主要依靠土壤中电解质的作用,如用直流电测量会产生极化电动势,从而造成很大的测量误差。但是用作指零仪的检流计是磁电系的,所以,该仪表备有机械整流器(或相敏整流器),以便将交流电整流成直流后送入检流计。如图 2-25 中所示的电容 C 可用来隔断大地中的直流杂散电流。

4. 使用接地电阻测量仪的注意事项

①当检流计的灵敏度过高时,可将电位探针较浅地插入土壤中。当检流计的灵敏度不够时,可沿电位探针和电流探针注水湿润。

（a）

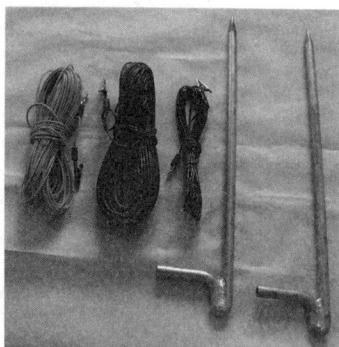
（b）

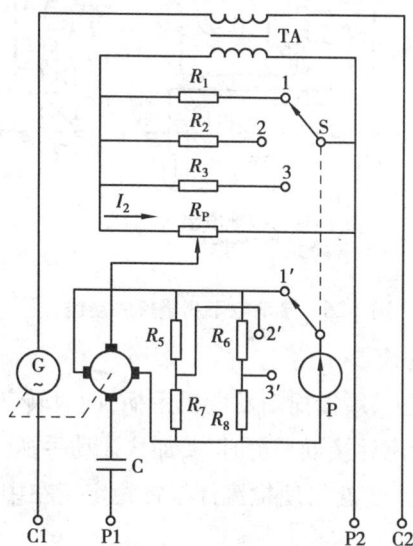
（c）

图 2-25　ZC-8 型接地电阻测量仪的外形及内部电路图

当大地干扰信号较强时,可以适当改变手摇发电机的速度,提高抗干扰的能力,以获得平稳读数。

②当接地极 E′和电流探针 C′之间距离大于 40 m 时,电位探针 P′的位置可插在 E′,C′中间直线的几米以外,其测量误差可忽略不计。

当接地极 E′和电流探针 C′之间距离小于 40 m 时,则应将电位探针 P′插于 E′与 C′的直线中间。

四、操作步骤

步骤 1:测量前的准备。

使用前先将设备与接地线断开。将仪表放平,然后进行机械调零。

步骤 2：接地电阻测量仪的接线。

接地电阻测量仪的接线如图 2-26 所示。将电位探针 P′插在被测接地极 E′和电流探针 C′之间，三者成一直线且彼此相距 20 m。再用导线将 E′与仪表端钮 E 相接，P′与端钮 P 相接，C′与端钮 C 相接。如图 2-26(a)所示。

如果使用的是 4 端接地电阻测量仪，则其接线方式如图 2-26(b)所示。当被测接地电阻小于 1 Ω 时，如测量高压线塔杆的接地电阻时，为消除接线电阻和接触电阻的影响，应使用 4 端钮测量仪，接线如图 2-26(c)所示。

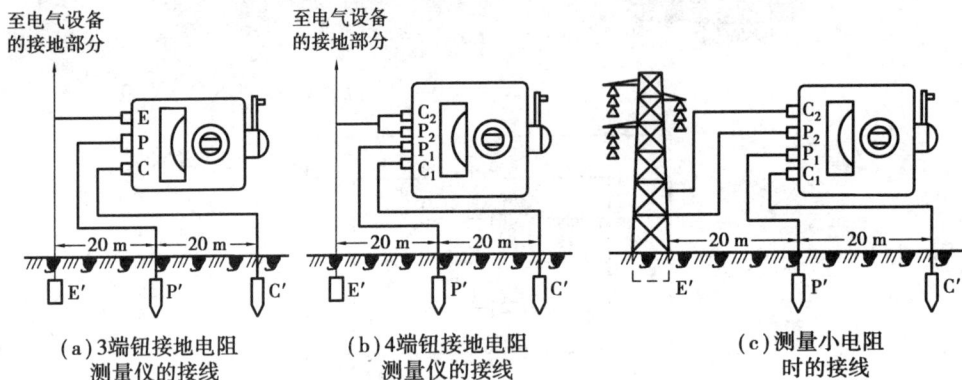

(a)3端钮接地电阻　　　　　(b)4端钮接地电阻　　　　　(c)测量小电阻
　测量仪的接线　　　　　　　测量仪的接线　　　　　　　时的接线

图 2-26　接地电阻测量仪的接线

步骤 3：接地电阻测量仪的读数。

将倍率开关置于最大倍数上，缓慢摇动发电机手柄，同时转动"测量标度盘"，使检流计指针处于中心线位置上。当检流计接近平衡时，要加快摇动手柄，使发电机转速升至额定转速 120 r/min，同时调节"测量标度盘"，使检流计指针稳定指在中心线位置。此时即可读取 R_S 的数值。

$$接地电阻 = 倍率 \times 测量标度盘读数(R_S)$$

步骤 4：接地电阻测量仪的保养。

①每次测量完毕后，都应将探针拔出并擦干净，导线整理好以便下次使用。将仪表存放于干燥、避光、无振动的场合。

②仪表运输及使用时应小心轻放，避免振动，以防轴尖宝石轴承受损而影响指示。

五、实训结果记录与评价

工作任务评价表见附表一。

六、任务巩固与提高

万用表、兆欧表、接地电阻测量仪有何区别？各自使用的场合是否相同？

任务六　直流电压、电流的测量训练

一、任务描述

学会使用直流电压表、电流表测量直流电路中的电流和电压,掌握桥式整流电路的工作原理,根据要求设计电气原理图,并进行布线。

二、课时安排

12 课时。

三、学习目标

①掌握直流电流表、电压表的安装接线方法。
②掌握直流电路中的电流、电压测量的方法。

四、工作准备

（一）工具、设备、器材、资料的准备

1. 工具、设备的准备

为完成工作任务,每个工作小组需要向仓库工作人员提供借用工具、设备清单,见表2-19。

表2-19　借用工具、设备清单

序号	名　称	数量	借出时间	学生签名	归还时间	学生签名	管理员
1	直流电流表	1					
2	直流电压表	1					
3	万用表	1					
4	验电笔	1					
5	钢丝钳	1					
6	尖嘴钳	1					

续表

序号	名 称	数量	借出时间	学生签名	归还时间	学生签名	管理员
7	断线钳	1					
8	剥线钳	1					
9	螺丝刀	1					
10	电工刀	1					
11	斜口钳	1					
12	劳保用品	1					

2. 材料的准备

为完成工作任务,每个工作小组需要向仓库工作人员提供借用材料清单,见表2-20。

表2-20 借用材料清单

序号	名 称	数量	借出时间	学生签名	归还时间	学生签名	管理员
1	380/220 V 三相四线电源	1					
2	三相负载	1					
3	连接导线	1					

3. 资料的准备

为完成工作任务,每个工作小组需要向仓库工作人员提供借用资料清单,见表2-21。

表2-21 借用资料清单

序号	名 称	数量	借出时间	学生签名	归还时间	学生签名	管理员
1	图纸	1					
2	说明书	1					
3	维修记录	1					
5	电工手册	1					
4	电业安全操作规程	1					
6	电气安装施工规范	1					

(二)相关理论知识的准备

1. 直流电路的基本概念

在中学物理电学部分我们学过,大小和方向都不随时间发生变化的电压、电流和电动势统称为直流电。在实际的生产生活中,有相当部分场合我们用到的都是直流电,如手电筒照明,摩托车、汽车的电瓶供电,电脑主板所需电源,精密仪器电源,直流无级调速等,可见,直流电在生产生活中的场合应用也非常多。

直流电的方向不随时间而变化,通常又分为脉动直流电和稳恒电流。脉动直流电中有交流成分,如彩电中的电源电路中 300 V 左右的电压就是脉动直流电成分可通过电容滤出。稳恒电流则是比较理想的,大小和方向都不变。

直流电的优越性和优点主要在输电方面:

①输送相同功率时,直流输电所用线材仅为交流输电的 2/3 ~ 1/2。

直流输电采用两线制,以大地或海水作回线,与采用三线制三相交流输电相比,在输电线截面积相同和电流密度相同的条件下,即使不考虑趋肤效应,也可以输送相同的电功率,而输电线和绝缘材料可节约 1/3。如果考虑到趋肤效应和各种损耗(绝缘材料的介质损耗、磁感应的涡流损耗、架空线的电晕损耗等),输送同样功率交流电所用导线截面积大于或等于直流输电所用导线的截面积的 1.33 倍。

因此,直流输电所用的线材几乎只有交流输电的一半。同时,直流输电杆塔结构也比同容量的三相交流输电简单,线路走廊占地面积也少。

②在电缆输电线路中,直流输电没有电容电流产生,而交流输电线路存在电容电流,引起损耗。在一些特殊场合,必须用电缆输电。例如高压输电线经过大城市时,采用地下电缆;输电线经过海峡时,要用海底电缆。由于电缆芯线与大地之间构成同轴电容器,在交流高压输线路中,空载电容电流极为可观,一条 200 kV 的电缆,每千米的电容约为 0.2 μF,每千米需供给充电功率约 3×10^3 kW,在每千米输电线路上,每年就要耗电 2.6×10^7 kW·h。而在直流输电中,由于电压波动很小,基本上没有电容电流加在电缆上。

③直流输电时,其两侧交流系统不需同步运行。而交流输电必须同步运行。交流远距离输电时,电流的相位在交流输电系统的两端会产生显著的相位差;并网的各系统交流电的频率虽然规定统一为 50 Hz,但实际上常产生波动。这两种因素引起交流系统不能同步运行,需要用复杂庞大的补偿系统和综合性很强的技术加以调整,否则就可能在设备中形成强大的循环电流损坏设备,或造成不同步运行的停电事故。在技术不发达的国家里,交流输电距离一般不超过 300 km,而直流输电线路互联时,它两端的交流电网可以用各自的频率和相位运行,不需进行同步调整。

④输电发生故障的损失比交流输电小。两个交流系统若用交流线路互连,则当一侧系统发生短路时,另一侧要向故障一侧输送短路电流,因此使两侧系统原有开关切断短路电流的能力受到威胁,需要更换开关,而直流输电中,由于采用可控硅装置,电路功率能迅速、方便地进行调节,直流输电线路上基本上不向发生短路的交流系统输送短路电流,故障侧交流系统的短路电流与没有互联时一样,因此不必更换两侧原有开关及载流设备。

在直流输电线路中,各级是独立调节和工作的,彼此没有影响。因此,当一极发生故障时,只需停运故障极,另一极仍可输送不少于一半功率的电能,但在交流输电线路中,任一相发生永久性故障,必须全线停电。另外,在直流输电系统中,只有输电环节是直流电,发电系统和用电系统仍然是交流电。

2. 直流电流表和电压表

与交流电压表及电流表的电磁结构相同,差异仅在于:交流表多了一组整流桥。两种表互换需要重新标定表盘刻度。

(1)直流电流表

电流表又称"安培表"。电流表是测量电路中电流大小的工具,测量时将电流表串接在电路图中。

使用电流表测量电流时的注意事项:

①使用前应检查电流表指针是否指在零位,如有偏差应用螺丝刀旋转表盘上的调零螺丝,将指针调至零位。

②电流表必须串联到待测电路中。

(2)直流电压表

电压表是测量电路中电压大小的工具,测量时将电压表并接在电路图中,电压表的符号如图 2-27 所示。

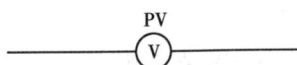

PV

——(V)——

图 2-27 电压表的符号

使用电压表测量电压时的注意事项:

①使用前应检查电压表指针是否指在零位,如有偏差应用螺丝刀旋转表盘上的调零螺丝,将指针调至零位。

②电压表必须并联到待测电路两端。

3. 桥式整流电路

(1)桥式整流电路原理

和一般二极管原理一样,就是 4 个二极管两两并联后接入输出电压,分别把正负电压整流,在输出时候获得了正负输出的两次的整流电压。

(2)桥式整流的二极管的接法

桥式整流两只二极管正极相连,两只二极管负极相连。然后将这两组相接,后来相接的两个接点是一正一负,这就是接交流端的两个点,两个二极管正极输出的是直流电的负极,两个二极管负极相连的接点是直流电的正极。如图 2-28 所示。

C_2 为滤波电容,利用电容的充放电作用,使通过整流的脉动波形直流变成波形更加平直的直流;R_2 为 C_2 的放电电阻,一般大于 1 MΩ,用于泄放电源关闭时 C_2 所充有的电压使其电势为零。检修时人体触及才安全(因为是高压整流,才有此电阻,低于 42 V 就省掉了 R_2 了)。

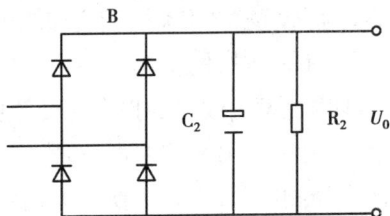

图 2-28 桥式整流的二极管的接法

(3)单相桥式整流电路中各电量的关系

单相桥式整流电路中,负载电阻上的直流电压是交流电压有效值的 0.9 倍。

直流电压就是全波整流信号的平均值(即直流分量)。

$$V_p(峰值) = (\sqrt{2}) \times V_{rms}(有效值) = 1.414\ V_{rms}$$

$V_{rms} = 0.707\ Vp$

V_{avg}（全波整流平均值）$= (2/Ⅱ) \times V_p = 0.637\ V_p$

全波整流只有滤波电容,无负载时:电容被充电至峰值,输出电压为 $1.414\ V_{rms}$。

五、操作步骤

①检查万用表是否完好,万用表外壳应完好,挡位应灵活,表笔绝缘应完整,导线应完好无损。

②用模拟式万用表的交流电压挡和直流电压挡分别测量交流电压和直流电压。

③用模拟式万用表欧姆挡测量电阻。

六、实训结果记录与评价

①各小组派代表上台总结完成任务的过程中,掌握了哪些技能技巧,发现错误后如何改正,并展示已接好的电路,通电试验效果。

负载通断情况:

电流、电压表测量情况:

其他小组提出的改进建议:

②学生自我评估与总结。

③小组评估与总结。

④教师评估。

工作任务评价表见附表一。

七、任务巩固与提高

①现有一只量程为 1 mA、内阻为 1 Ω 的直流电流表,因生产需要,欲扩大为 100 mA 的电流表,该如何处理?

②分流电阻一般应采用什么材料制造? 如果损坏,能用一般的固定电阻代替吗? 为什么?

③什么叫电压灵敏度? 一电压表面板上标"5 000 Ω/V",另一电压表面板上标"20 000 Ω/V",请问:上面所标数字的含义是什么? 这两块电压表在相同量程下测量同一电压时,哪一块测量的准确度高? 为什么?

④有两只量程均为 500 V 的电压表,一只刻度均匀,另一只刻度不均匀,你能区分哪一只是直流电压表,哪一只是交流电压表吗? 为什么?

⑤整流系仪表如何组成? 它能够做到交直流两用吗? 为什么?

⑥画出电流互感器和电压互感器的接线图。

⑦为什么钳形电流表的准确度不高,但使用却较广泛?

⑧简述使用钳形电流表测量电流时的注意事项。

⑨为什么要求与仪表配合使用的附加装置的准确度比仪表本身的准确度更高?

⑩根据控制要求设计一个电路原理图。

控制要求:

a.线路用单相220 V的交流作总电源,用短路带漏电保护的空气断路器作为电源总开关。

b.合上一位开关,直流负载灯开始工作,直流电流表、电压表分别测量电路中的电流值、电压值。

将你接好的电路与其他组员的电路安装工艺进行对比,发现异同,在组内和组外进行充分的讨论,得出最佳工艺和安装技巧。

八、技能拓展

①请叙述交流电压表、电流表应用在哪些场合?

②简述用电设备电流估算方法。

③根据电气原理图安装元件、接线。

④为了更好地完成任务,你可能需要获得以下资讯:

a.电流表_____接在电路中测量电流;电压表_____接在电路中测量电压。

b.电流表测量值为_____A;电压表测量值为_____V。

c.在单相桥式整流电路中,若有一只整流管接反,则(   )。

A.输出电压约为$2U_0$ B.变为半波直流   C.整流管将因电流过大而烧坏

想一想:单相桥式整流电路中,如果有4个二极管正负全都接反结果会如何?

任务七 交流电压、电流的测量训练

一、任务描述

学会使用交流电压表、电流表测量电路中的电流和电压;掌握导线载流量的计算和选择;根据要求设计电气原理图,并进行布线。

二、课时安排

12 课时。

三、学习目标

①掌握交流电流、电压表的安装接线方法。
②掌握单相电路中的电流、电压测量。
③能根据控制要求设计电路原理图。
④掌握电气元件的布置和布线方法。

四、工作准备

（一）工具、设备、器材、资料的准备

1. 工具、设备的准备

为完成工作任务，每个工作小组需要向仓库工作人员提供借用工具、设备清单，见表 2-22。

表 2-22　借用工具、设备清单

序号	名　称	数量	借出时间	学生签名	归还时间	学生签名	管理员
1	交流电流表	1					
2	交流电压表	1					
3	万用表	1					
4	验电笔	1					
5	钢丝钳	1					
6	尖嘴钳	1					
7	断线钳	1					
8	剥线钳	1					
9	螺丝刀	1					
10	电工刀	1					
11	斜口钳	1					
12	劳保用品	1					

2.材料的准备

为完成工作任务,每个工作小组需要向仓库工作人员提供借用材料清单,见表2-23。

表2-23　借用材料清单

序号	名　称	数量	借出时间	学生签名	归还时间	学生签名	管理员
1	380/220 V 三相四线电源	1					
2	三相负载	1					
3	连接导线	1					

3.资料的准备

为完成工作任务,每个工作小组需要向仓库工作人员提供借用资料清单,见表2-24。

表2-24　借用资料清单

序号	名　称	数量	借出时间	学生签名	归还时间	学生签名	管理员
1	图纸	1					
2	说明书	1					
3	维修记录	1					
4	电业安全操作规程	1					
5	电工手册	1					
6	电气安装施工规范	1					

(二)相关理论知识的准备

1.单相交流电路的基本概念

在中学物理电学部分我们学过,大小和方向都不随时间发生变化的电压、电流和电动势统称为直流电。但在实际的生产生活中,绝大多数场合我们用到的都是交流电,如照明、洗衣、用电磁炉做饭等。即使要用到直流电,比如给手机充电,我们也是先将交流电通过充电器转换成直流电再来给电池充电。可见,学习交流电对于在实际生产生活中应用电学知识非常重要。

大小和方向均随时间变化的电压或电流称为交流电。如图2-29 所示。

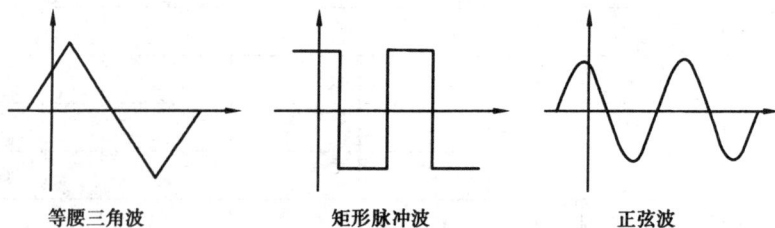

等腰三角波　　　　　矩形脉冲波　　　　　正弦波

图 2-29　交流电

（1）正弦量

大小和方向均随时间按正弦规律变化的电压或电流称为正弦交流电，如图 2-30 所示。

（2）正弦交流电的优越性

①便于传输；易于变换。

②便于运算。

③有利于电器设备的运行。

（3）正弦交流电的频率、周期和角频率

①周期 T：变化一周所需的时间（s）。

②频率 f：$f = \dfrac{1}{T}$（Hz）。

③角频率：$\omega = \dfrac{2\pi}{T} = 2\pi f$（rad/s）。

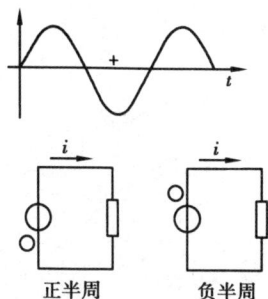

图 2-30　正弦交流电

a. 电网频率：我国 50 Hz，美国 、日本 60 Hz。

b. 高频炉频率：200 ~ 300 kHz。

c. 中频炉频率：500 ~ 8 000 Hz。

d. 无线通信频率：30 kHz ~ 30 GMHz。

（4）正弦交流电的瞬时值、最大值和有效值

1）瞬时值

正弦量随时间按正弦规律变化，对应各个时刻的数值称为瞬时值，瞬时值是用正弦解析式表示的，即：

$$u = U_{\mathrm{m}}\sin(\omega t + \varphi_u)$$
$$i = I_{\mathrm{m}}\sin(\omega t + \varphi_i)$$

瞬时值是变量，注意要用小写英文字母表示。瞬时值对应的表达式应是三角函数解析式。

2）最大值

正弦量振荡的最高点称为最大值，用 U_m（或 I_m）表示，如图 2-32 所示。

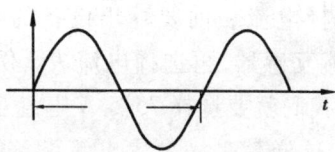

图 2-31　正弦交流电的周期

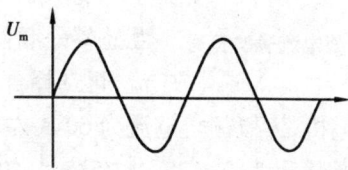

图 2-32　正弦交流电的最大值

3）有效值

有效值是指与正弦量热效应相同的直流电数值。

（5）正弦交流电的相位、初相和相位差

1）相位

$$e = E_{\mathrm{m}}\sin(\omega t + \varphi)$$

式中：$\omega t + \varphi$ 称为相位；φ 是 $t = 0$ 时刻的相位，称为初相位，简称初相，这个角通常用不大于 $180°$ 的角来表示。e_1 和 e_2 的初相分别为 $+60°$ 及 $-75°$，如图 2-33 所示。

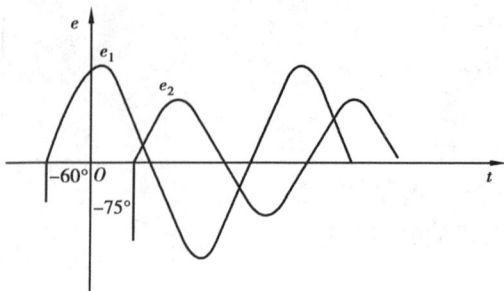

图 2-33　正弦交流电的相位

2）相位差

①定义：两个同频率交流电的相位之差叫相位差。

$\Delta\varphi = \varphi_1 - \varphi_2$

如果 $\Delta\varphi = \varphi_1 - \varphi_2 + 180° > \Delta\varphi > 0$，那么 e_1 超前 e_2；

如果 $-180° < \Delta\varphi < 0$，那么 e_2 超前 e_1；

如果 $\Delta\varphi = \varphi_1 - \varphi_2 = 0$，那么两交流电同相；

如果 $\Delta\varphi = \varphi_1 - \varphi_2 = \pm 180°$，那么两交流电反相；

如果 $\Delta\varphi = \varphi_1 - \varphi_2 = \pm 90°$，那么两交流电正交。

②正弦交流电三要素：有效值（或最大值）、频率（或角频率、周期）、初相。

2. 交流电流表和电压表

（1）交流电流表

电流表又称"安培表"。电流表是测量电路中电流大小的工具，测量时将电流表串接在电路图中，电流表的符号如图 2-34 所示。

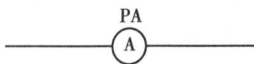

图 2-34　交流电流表的符号

交流电流表在小电流中可以直接使用（一般在 5 A 以下），但现在的工厂电气设备的容量都较大，因此大多与电流互感器一起使用。选择电流表前要算出设备的额定工作电流，再选择合适的电流互感器，再选择电流表。例如，设备为一台 30 kW 电机，大概额定电流为 60 A 左右，这样我们就要选择 75/5 A 电流互感器，则电流表就要选择量程为 0 ~ 75 A，75/5 A 的电流表，这样就是一台大电流设备的电流表的选择。

使用电流表测量电流时的注意事项：

①使用前应检查电流表指针是否指在零位，如有偏差应用螺丝刀旋转表盘上的调零螺丝，将指针调至零位。

②电流表必须串联到待测电路中。

（2）交流电压表

电压表是测量电路中电压大小的工具,测量时将电压表并接在电路图中,电压表的符号如图 2-35 所示。

使用电压表测量电压时的注意事项:

①使用前应检查电压表指针是否指在零位,如有偏差应用螺丝刀旋转表盘上的调零螺丝,将指针调至零位。

②电压表必须并联到待测电路两端。

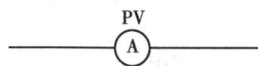

图 2-35　电压表的符号

3. 仪用互感器

实际生产中,前面介绍的交流电流表和交流电压表的量程往往不能满足测量的要求,这就需要利用仪用互感器来扩大交流仪表的量程。仪用互感器便是用来按比例变换交流电压或交流电流的仪器,它包括变换交流电压的电压互感器和变换交流电流的电流互感器。

（1）仪用互感器的用途

1）扩大交流仪表的量程

在大电流、高电压的情况下,采用分流电阻和分压电阻的方法来扩大仪表量程已显得非常困难。例如,一只内阻为 0.1 Ω 的电流表直接串联接入电路中去测量 1 000 A 的电流时,电流表本身的压降就有 100 V,功率损耗高达 100 V×1 000 A = 100 000 W。显然,这时电流表不仅要为散热而增大体积,而且串联接入电路后还会影响电路正常的工作状态。在这样的情况下,如果利用仪用互感器把大电流、高电压按比例地变换成小电流、低电压,再用低量程的仪表进行测量,就相当于扩大了交流仪表的量程,同时大大降低了仪表本身的功耗。

2）测量高电压时保证工作人员和仪表的安全

由于仪用互感器能将高电压变换成低电压,并且仪表与被测电路之间没有直接的电联系。因此,在测量高压电路时,不但可以保证工作人员和仪表的安全,而且降低了对仪表的绝缘要求。

3）有利于仪表生产的标准化,降低生产成本

由于电压互感器二次侧的额定电压统一规定为 100 V,而电流互感器二次侧的额定电流统一规定为 5 A,因此,只要生产量程为 100 V 的交流电压表和 5 A 的交流电流表,再配用不同变比的仪用互感器,就能满足测量各种高电压和大电流的要求。鉴于以上原因,仪用互感器在电工测量中得到了广泛的应用。

（2）电流互感器

1）电流互感器的构造与原理

电流互感器实际上是一个降流变压器,它能把一次侧的大电流变换成二次侧的小电流。一般电流互感器二次侧的额定电流为 5 A。由于变压器的一次侧、二次侧电流之比,与一次侧、二次侧的匝数之比成倒数关系,因此电流互感器一次侧的匝数远少于二次侧匝数,一般只有一匝到几匝。电流互感器的符号如图 2-36（a）所示。使用时,将一次侧与被测电路串联,二次侧与电流表串联,如图 2-36（b）所示。由于电流表的内阻一般都很小,因此电流互感器在正常工作状态时,接近于变压器的短路状态。

电流互感器的一次侧额定电流 I_{1N} 与二次侧额定电流 I_{2N} 之比,称为电流互感器的额定变流比,用 K_{TA} 表示,即

$$K_{TA} = \frac{U_{1N}}{U_{2N}}$$

每个电流互感器的铭牌上都标有它的额定变流比。测量时可根据电流表的指示值 I_2,计算出一次侧被测电流 I_1 的数值,即

$$I_1 = K_{TA} \times I_2$$

同理,对与电流互感器配合使用的交流电流表,为使用方便,可按一次侧电流直接进行刻度。例如,按 5 A 设计制造,与 $K_{TA} = 400/5$ 的电流互感器配合使用的电流表,其标度尺可直接按 400 A 进行刻度,如图 2-37 所示。

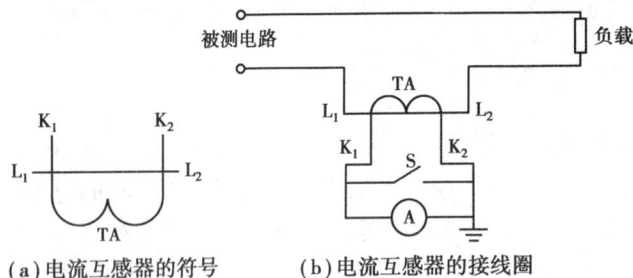

(a)电流互感器的符号　　　(b)电流互感器的接线圈

图 2-36　电流互感器的符号与接线圈

图 2-37　与电流互感器
配合使用的交流电流表

购买大量程交流电流表时,一定要看清楚表盘上所标明的与之配套的电流互感器的变流比,并同时购买所要求的电流互感器。

2)电流互感器的正确使用

①要正确接线。将电流互感器的一次侧与被测电路串联,二次侧与电流表(或仪表的电流线圈)串联。对功率表、电能表等转动力矩与电流方向有关的仪表,当其与电流互感器配合使用时,还要注意电流互感器的极性,极性接反会导致仪表指针反转。电流互感器一次侧、二次侧的 L_1 和 K_1,L_2 和 K_2 是同名端。

②电流互感器的二次侧在运行中绝对不允许开路。因此,在电流互感器的二次侧回路中严禁加装熔断器。运行中需拆除或更换仪表时,应先将电流互感器的二次侧短路后再进行操作。为使用方便,有的电流互感器中装有供短路用的开关。

③电流互感器的铁芯和二次侧的一端必须可靠接地,以确保人身和设备的安全。

④接在同一互感器上的仪表不能太多,否则接在二次侧的仪表消耗的功率将超过互感器二次侧的额定功率,从而导致测量误差增大。

常用电流互感器见表 2-25。

表 2-25 常用电流互感器

型 号	用 途	外 形
LDZJl-10 型电流互感器	LDZJl-10 型电流互感器适用于户内 10 kV,50 Hz 交流电力系统中,作电流电能测量及继电保护用	
LQG-0.5 型电流互感器	LQG-0.5 型电流互感器为户内装置线圈式电流互感器,用于额定频率为 50 Hz,额定电压为 500 V 的交流线路,作为测量电流、电能及继电保护之用	
LAZBJ-10 型电流互感器	LAZBJ-10 型电流互感器适用于户内 10 kV,50 Hz 交流电力系统中,作电流、电能测量及继电保护用	
LMZ1-0.5 型电流互感器	LMZ1-0.5 系列电流互感器适用于额定频率 50 Hz,额定工作电压为 0.5 kV 及以下的交流线路中,作电流、电能测量及继电保护用	

（3）电压互感器

1）电压互感器的构造与原理

电压互感器实际上就是一个降压变压器,它能将一次侧的高电压变换成二次侧的低电压,其一次侧的匝数远多于二次侧匝数。电压互感器的符号如图 2-38（a）所示。使用时,将一次侧与被测电路并联,二次侧与电压表并联,如图 2-38（b）所示。由于二次侧的额定电压一般为 100 V,故不同变压比的电压互感器,其一次侧的匝数是不同的。另外,由于电压表的内阻都很大,因此电压互感器的正常工作状态接近于变压器的开路状态。

电压互感器一次侧额定电压 U_{1N} 与二次侧额定电压 U_{2N} 之比,称为电压互感器的额定变压比,用 K_{TV} 表示,即

$$K_{TV} = \frac{U_{1N}}{U_{2N}}$$

K_{TV} 一般都标在电压互感器的铭牌上。测量时可根据电压表的指示值 U_2,计算出一次侧被测

电压 U_1 的大小,即

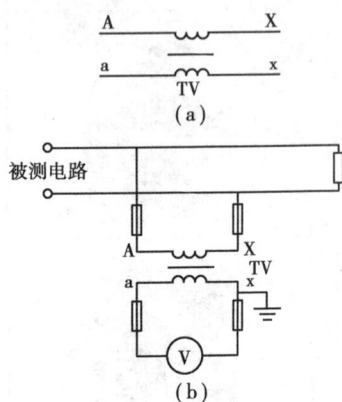

$$U_1 = K_{TV} \times U_2$$

在实际测量中,为测量方便,对与电压互感器配合使用的电压表,常按一次侧电压进行刻度。例如,按 100 V 电压设计制造,与 $K_{TV} = 10\ 000/100$ 的电压互感器配合使用的电压表,其标度尺可按 10 000 V 直接刻度。

2)电压互感器的正确使用

①要正确接线。将电压互感器的一次侧与被测电路并联,二次侧与电压表(或仪表的电压线圈)并联。对某些转动力矩与电流方向有关的仪表(如功率表、电能表等)与电压互感器连接时也要注意极性,极性接反会导致仪表指针反转。电压互感器一次侧的 A 与二次侧的 a 是同名端,一次侧的 X 与二次侧的 x 是同名端,即若一次侧电流从 A 流入电压互感器,二次侧电流应从其对应的同名端 a 流出电压互感器。

图 2.38　电压互感器的
符号与接线图

②电压互感器的一次侧、二次侧在运行中绝对不允许短路。因此,电压互感器的一次侧、二次侧都应装设熔断器,以免一次侧短路影响高压供电系统,二次侧短路会烧毁电压互感器。

③电压互感器的铁芯和二次侧的一端必须可靠接地,以防止绝缘损坏时,一次侧的高压电混入低压端,危及人身和设备的安全。

常见电压互感器见表 2-26。

表 2-26　常见电压互感器

型　号	用　途	外　形
JDJ-6,10 型电压互感器	JDJ-6,10 型电压互感器分别适用于 6 kV,10 kV,50 Hz 的交流电路中,作电压、电能测量和继电保护用	
JDZ-3,6,10Q 型和 JDZJ-3,6,10Q 型电压互感器	JDZ-3,6,10Q 和 JDZJ-3,6,10Q 型电压互感器都是用环氧树脂浇注的半封闭式电压互感器,分别供户内频率为 50 Hz,3 kV,6 kV,10 kV 电力系统中,作电压、电能测量及继电保护用	

续表

型　号	用　途	外　形
JDG4-0.5 型电压互感器	JDG4-0.5 型电流互感器用于频率为 50 Hz 的 500 V 及以下的交流线路中,作测量电压、电能及继电保护之用	

五、实训步骤

①电压互感器与电压表接线练习。
②电流互感器与电流表接线练习。

六、实训结果记录与评价

针对在练习过程中进行考核。
工作任务评价表见附表一。

七、任务巩固与提高

设计一电路,要求使用电流表、电压表以及配合使用电压、电流互感器与电流互感器。

任务八　钳形电流表的使用训练

一、任务描述

我们知道,要测量电路中的电流,首先应当切断被测电路,再将电流表串联接入被测电路后才能进行。那么,有没有不用切断电路就能测量电路中电流的仪表呢? 钳形电流表的最大优点就是能在不停电的情况下测量电流。例如,用钳形电流表可以在不切断电路的情况下,测量运行中的交流电动机的工作电流,从而使我们很方便地了解其工作状况。实际中使用的钳形电流表主要分为指针式和数字式两大类,本任务的重点为指针式钳形电流表的使用。

二、课时安排

12 课时。

三、学习目标

①掌握钳形电流表测量电流的基本原理。
②熟练、规范、安全地使用钳形电流表。

四、工作准备

(一)工具、设备、器材、资料的准备

1. 工具、设备的准备

为完成工作任务,每个工作小组需要向仓库工作人员提供借用工具、设备清单,见表2-27。

表 2-27　借用工具、设备清单

序号	名　称	数量	借出时间	学生签名	归还时间	学生签名	管理员
1	交流钳形电流表	1					
2	万用表	1					
3	验电笔	1					
4	钢丝钳	1					
5	尖嘴钳	1					
6	断线钳	1					
7	剥线钳	1					
8	螺丝刀	1					
9	电工刀	1					
10	斜口钳	1					
11	压线钳	1					
12	万用表	1					

2. 材料的准备

为完成工作任务,每个工作小组需要向仓库工作人员提供借用材料清单,见表2-28。

表2-28　借用材料清单

序号	名　称	数量	借出时间	学生签名	归还时间	学生签名	管理员
1	三相交流异步电动机	1					
2	380 V 三相电源	1					
3	连接导线	1					

3. 资料的准备

为完成工作任务,每个工作小组需要向仓库工作人员提供借用资料清单,见表2-29。

表2-29　借用资料清单

序号	名　称	数量	借出时间	学生签名	归还时间	学生签名	管理员
1	图纸	1					
2	说明书	1					
3	维修记录	1					
4	电业安全操作规程	1					
5	电工手册	1					
6	电气安装施工规范	1					

（二）相关理论知识的准备

钳形电流表按照用途分为专门测量交流电流的互感器式钳形电流表和可以交直流两用的电磁系钳形电流表两种。

（1）互感器式钳形电流表

互感器式钳形电流表由电流互感器和整流系电流表组成,如图2-39(b)所示。电流互感器的铁芯呈钳口形,当握紧钳形电流表的把手时,其铁芯张开(如图中虚线所示),将通有被测电流的导线放入钳口中。松开把手后铁芯闭合,通有被测电流的导线相当于电流互感器的一次侧,于是在二次侧就会产生感应电流,并送入整流系电流表进行测量。电流表的标度尺一般是直接按一次侧电流刻度的,因此仪表的读数就是被测导线中的电流值。

互感器式钳形电流表只能测量交流电流。如 T301,T302,MG24 等型号的钳形电流表都属于此类仪表。

（2）电磁系钳形电流表

电磁系钳形电流表主要由电磁系测量机构组成,其结构如图2-40所示。

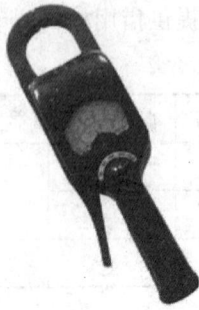

(a)钳形电流表外形图　　　(b)钳形电流表结构原理图

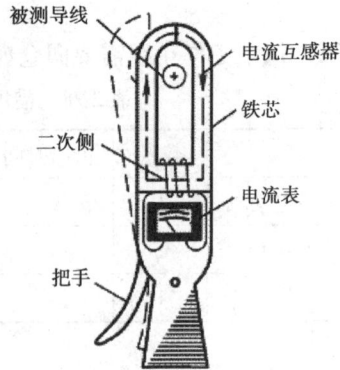

图2-39　互感器式钳形电流表

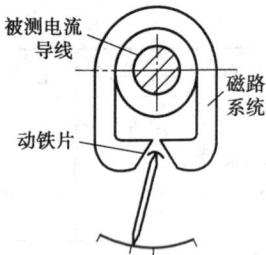

图2-40　电磁系钳形电流表

处在铁芯钳口中的导线相当于电磁系测量机构中的线圈。当被测电流通过导线时,会在铁芯中产生磁场,使可动铁片磁化,产生电磁推力,带动仪表指针偏转,指示出被测电流的大小。由于电磁系仪表可动部分的偏转方向与电流方向无关,因此它可以交直流两用。特别是在测量运行中的绕线式异步电动机的转子电流时,因为转子电流的频率很低,用互感器式钳形电流表无法测量其准确数值,这时只能采用电磁系钳形电流表。

MG20,MG21型钳形电流表就属于交直流两用的电磁系钳形电流表。

五、操作步骤

钳形电流表的准确度不高,一般为2.5级以下。但它能在不切断电路的情况下测量电路中的电流,使用很方便,因此在实际生产中使用广泛。在使用钳形电流表时要注意以下几点:

①测量前先估计被测电流的大小,选择合适的量程。若无法估计被测电流的大小时,则应从最大量程开始,逐步换成合适的量程。转换量程应在退出导线后进行。

②测量时应将被测载流导线置于钳口中央,以避免增大误差,如图2-41所示。

交流220 V电源

图2-41　被测流导线置于钳口中央

③钳口要结合紧密。若发现测量时有杂声出现，应检查钳口结合处是否有污垢存在。如有污垢则应用煤油擦干净后再进行测量，如图2-42所示。

④测量5 A以下的较小电流时，为确保读数准确，在条件许可的情况下，可将被测导线多绕几圈再放入钳口进行测量，被测的实际电流值应等于仪表读数除以放进钳口中导线的圈数，如图2-43所示。

⑤测量完毕后，一定要将仪表的量程开关置于最大量程位置上，以防下次使用时操作者疏忽而造成仪表损坏，如图2-44所示。

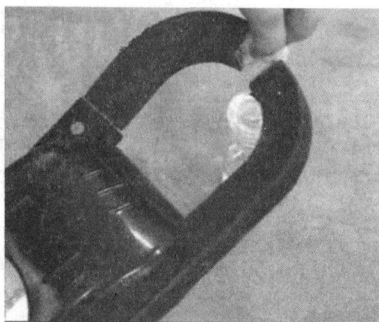

图2-42 擦拭钳口结合处的污垢

图2-43 被测导线多绕几圈进行测量

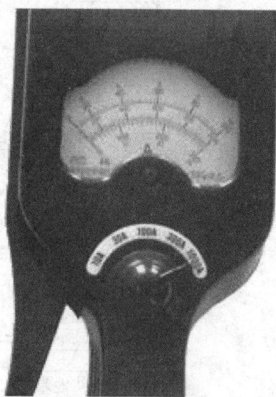

图2-44 量程开关置于最大量程位置

六、实训结果记录与评价

①各小组派代表上台总结完成任务的过程中，掌握了哪些技能技巧，发现错误后如何改正，并展示已接好的电路，通电试验效果。

负载通断情况：

电流表测量情况：

其他小组提出的改进建议：

②学生自我评估与总结。

③小组评估与总结。

④教师评估。

七、任务巩固与提高

①数字式钳形电流表简介。

一种新型的数字式钳形电流表如图 2-45 所示。它是将电流互感器与数字式万用表结合的产物,不但可以用来测量交流大电流、交直流电压、电阻、通断检查等,有的还可以用来测量频率、温度等,具有体积小、质量轻、显示直观等优点。

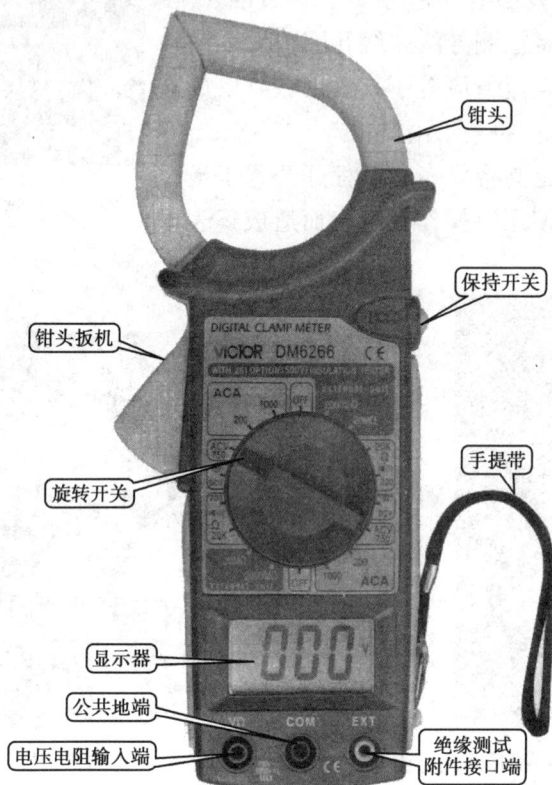

钳头

保持开关

钳头扳机

手提带

旋转开关

显示器

公共地端

电压电阻输入端

绝缘测试附件接口端

图 2-45　数字式钳形电流表

②直流钳形电流表能否测量高压电流?

任务九　单相电能监测操作训练(直接法)

一、任务描述

学会使用单相电度表监测电路中的用电量,根据要求设计电气原理图,并进行布线。

二、课时安排

12 课时。

三、学习目标

①掌握单相电度表的工作原理。
②掌握电流互感器的使用方法。
③掌握单相电度表的安装接线方法。
④能根据控制要求设计电路原理图。
⑤掌握电气元件的布置和布线方法。

四、工作准备

（一）工具、设备、器材、资料的准备

1. 工具、设备的准备

为完成工作任务，每个工作小组需要向仓库工作人员提供借用工具、设备清单，见表 2-30。

表 2-30　借用工具、设备清单

序号	名　称	数量	借出时间	学生签名	归还时间	学生签名	管理员
1	单相电度表	1					
2	万用表	1					
3	验电笔	1					
4	钢丝钳	1					
5	尖嘴钳	1					
6	断线钳	1					
7	剥线钳	1					
8	螺丝刀	1					
9	电工刀	1					
10	斜口钳	1					
11	压线钳	1					

2. 材料的准备

为完成工作任务，每个工作小组需要向仓库工作人员提供借用材料清单，见表 2-31。

表 2-31　借用材料清单

序号	名　称	数量	借出时间	学生签名	归还时间	学生签名	管理员
1	单相开关	1					
2	三相刀开关	1					
3	220 V,100 W 灯泡	9					
4	40 W 日光灯镇流器	3					
5	连接导线	若干					

3. 资料的准备

为完成工作任务,每个工作小组需要向仓库工作人员提供借用资料清单,见表 2-32。

表 2-32　借用资料清单

序号	名　称	数量	借出时间	学生签名	归还时间	学生签名	管理员
1	图纸	1					
2	说明书	1					
3	维修记录	1					
4	电业安全操作规程	1					
5	电工手册	1					
6	电气安装施工规范	1					

(二)相关理论知识

1. 感应系电能表

感应系电能表外形如图 2-46 所示。

(1)感应系电能表的结构

1)感应系电能表的结构

感应系电能表的结构如图 2-47 所示,其主要组成部分有驱动元件、转动元件、制动元件和计度器。

①驱动元件。用来产生转动力矩。它由电压元件和电流元件两部分组成。电压元件是在 E 字形铁芯上绕有匝数多且导线截面较小的线圈,该线圈在使用时与负载并联,称为电压线圈。电流元件是在 U 形铁芯上绕有匝数少且导线截面较大的线圈,该线圈使用时要与负载串联,称为电流线圈。

②转动元件。由铝盘和转轴组成,转轴上装有传递铝盘转数的蜗杆。仪表工作时,驱动元件产生的转动力矩将驱使铝盘转动。

③制动元件。由永久磁铁组成。用来在铝盘转动时产生制动力矩,使铝盘的转速与被测功率成正比。

图 2-46　感应系电能表的外形

图 2-47　感应系电能表的结构

④计度器(也称积算机构)。用来计算铝盘的转数,实现累计电能的目的。它包括安装在转轴上的齿轮、滚轮以及计数器等,如图 2-48 所示。电能表最终通过计数器直接显示出被测电能的数值。

2)电能表的电路和磁路

一般感应系电能表的铁芯结构如图 2-49(a)所示。电流元件的铁芯和电压元件的铁芯之间留有间隙,以便使铝盘能在此间隙中自由转动。电压元件铁芯上装有用钢板冲制成的回磁板。回磁板的下端伸入铝盘下部,隔着铝盘与电压元件的铁芯柱相对应,构成电压线圈工作磁通的回路。

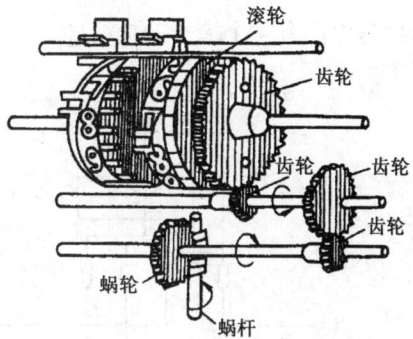

图 2-48　计度器的结构

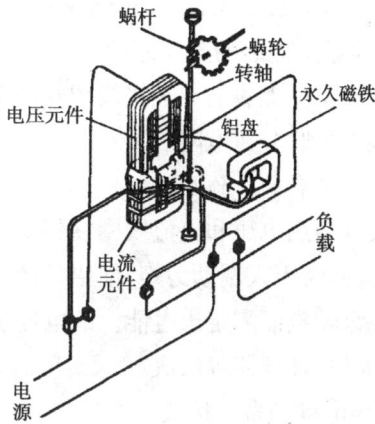

(a)电能表的铁芯结构

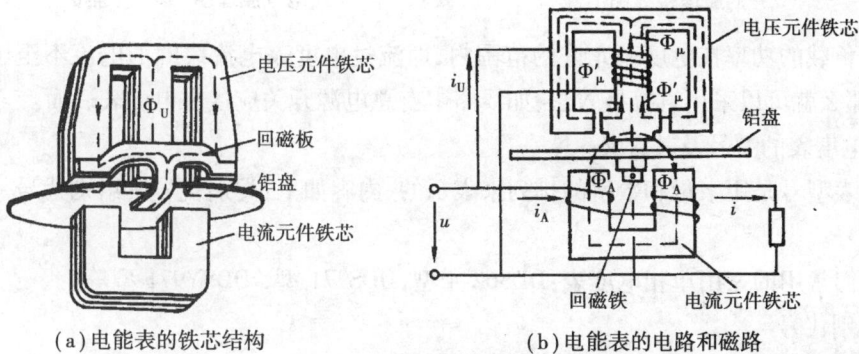

(b)电能表的电路和磁路

图 2-49　电能表的电路和磁路示意图

电能表的电路和磁路如图 2-49(b)所示。电能表工作时,通过电压线圈的电流 i_U 产生的磁通分为两部分:一部分是穿过铝盘并经回磁板构成回路的工作磁通 Φ_u;另一部分是不经过铝盘而经左右铁轭构成回路的非工作磁通 Φ'_u。通过电流线圈的电流 i_A 产生的磁通为 Φ_A,该磁通两次穿过铝盘,并通过电流元件铁芯构成回路。

(2)感应系电能表的工作原理

单相感应系电能表的原理接线图与功率表相似,如图 2-50 所示。不同之处是电能表的电压线圈没有串联分压电阻。

2.单相电度表的工作原理

电度表是利用电压和电流线圈在铝盘上产生的涡流与交变磁通相互作用产生电磁力,使铝盘转动,同时引入制动力矩,使铝盘转速与负载功率成正比,通过轴向齿轮传动,由计度器积算出转盘转数而测定出电能。故电度表主要结构是由电压线圈、电流线圈、转盘、转轴、制动磁铁、齿轮、计度器等组成。

(1)单相电度表直接接线

单相电度表共有 5 个接线端子,其中有 1,2 两个端子在表的内部用连片短接,因此,单相电度表的外接端子只有 4 个,即 1,3,4,5 号端子。由于电度表的型号不同,各类型的表在铅封盖内都有 4 个端子的接线图。

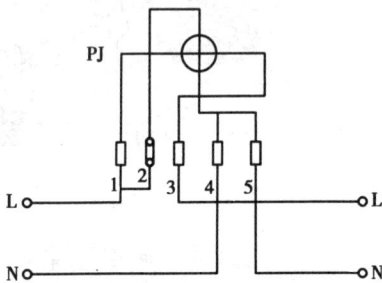

图 2-50　单相感应系电能表的原理接线图

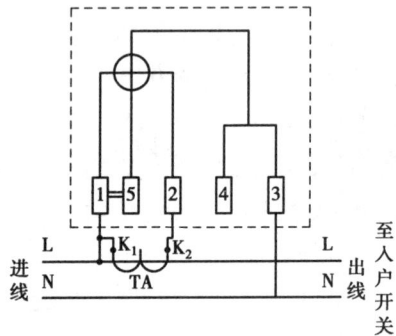

图 2-51　单相电度表经电流互感器接线电气原理图(5 和 1 连接)

如果负载的功率在电度表允许的范围内,即流过电度表电流线圈的电流不至于导致线圈烧毁,那么就可以采用直接接入法,如线路中有总电源开关应接在电度表后面。

(2)电度表的型号及其含义

电度表型号是用字母和数字的排列来表示的,内容如下:类别代号 + 组别代号 + 设计序号 + 派生号。

如我们常用的家用单相电度表:DD862-4 型,DDS971 型, DDSY971 型等。

1)类别代号

D——电度表。

2)组别代号

表示相线:D——单相;S——三相三线;T——三相四线。

表示用途的分类:D——多功能;S——电子式;X——无功;Y——预付费;F——复费率。

3)设计序号用阿拉伯数字表示

每个制造厂的设计序号不同,如长沙希麦特电子科技发展有限公司设计生产的电度表产品备案的序列号为 971,正泰公司为 666 等。

综合上面几点:

DD——表示单相电度表。如 DD971 型、DD862 型。

DS——表示三相三线有功电度表。如 DS862、DS971 型。

DT——表示三相四线有功电度表。如 DT862、DT971 型。

DX——表示无功电度表。如 DX971、DX864 型。

DDS——表示单相电子式电度表。如 DDS971 型。

DTS——表示三相四线电子式有功电度表。如 DTS971 型。

DDSY——表示单相电子式预付费电度表。如 DDSY971 型。

DTSF——表示三相四线电子式复费率有功电度表。如 DTSF971 型。

DSSD——表示三相三线多功能电度表。如 DSSD971 型。

4)基本电流和额定最大电流

基本电流是确定电度表有关特性的电流值,额定最大电流是仪表能满足其制造标准规定的准确度的最大电流值。如 5(20) A 即表示电度表的基本电流为 5 A,额定最大电流为 20 A,对于三相电度表还应在前面乘以相数,如 3×5(20) A。

五、操作步骤

①线路原理图测绘及讲解。

②列出原件清单。

③领取元器件、材料。

④相关知识介绍。

⑤安装图测绘。

⑥元件安装、线路连接。

⑦通电试车。

⑧故障分析及排除。

⑨清理工具、工程垃圾、收集剩余材料。

六、实训结果记录与评价

工作任务评价表见附表一。

七、任务巩固与提高

1. 根据控制要求设计一个电路原理图

控制要求：

①电路中负载用电量由单相电度表来监测。

②线路有短路带漏电保护的空气断路器作为电源总开关。

③合上一位开关,负载灯开始工作。

将你接好的电路与其他组员的电路安装工艺进行对比,发现异同,在组内和组外进行充分的讨论,得出最佳工艺和安装技巧。

2. 工作任务实施

根据电气原理图安装元件、接线。

为了更好地完成任务,你可能需要获得以下资讯：

a. 如线路中有总电源开关应接在电度表_____。

b. 单相电度表共有_____个接线端子,其中有两个端子在表的内部用连片_____,因此,单相电度表的外接端子只有_____个。

完成了,仔细检查,客观评价,及时反馈。

3. 工作任务评价

各小组派代表上台总结完成任务的过程中,掌握了哪些技能技巧,发现错误后如何改正,并展示已接好的电路,通电试验效果。

负载通断情况：

电度表测量情况：

工作任务评价表见附表一。

八、技能拓展

怎样能使单相电度表反转或不转?

任务十　单相电能监测操作训练(间接法)

一、任务描述

学会使用单相电度表间接测量电路中的用电量,根据要求设计电气原理图,并进行布线。

二、课时安排

12 课时。

三、学习目标

①掌握单相电度表的工作原理。
②掌握电流互感器的使用方法。
③掌握单相电度表的安装接线方法。
④能根据控制要求设计电路原理图。
⑤掌握电气元件的布置和布线方法。

四、工作准备

(一)工具、设备、器材、资料的准备

1. 工具、设备的准备

为完成工作任务,每个工作小组需要向仓库工作人员提供借用工具、设备清单,见表 2-33。

表 2-33　借用工具、设备清单

序号	名　称	数量	借出时间	学生签名	归还时间	学生签名	管理员
1	单相电度表	1					
2	万用表	1					
3	验电笔	1					
4	钢丝钳	1					
5	尖嘴钳	1					
6	断线钳	1					
7	剥线钳	1					
8	螺丝刀	1					
9	电工刀	1					
10	斜口钳	1					
11	压线钳	1					

2. 材料的准备

为完成工作任务,每个工作小组需要向仓库工作人员提供借用材料清单,见表2-34。

表2-34　借用材料清单

序号	名　称	数量	借出时间	学生签名	归还时间	学生签名	管理员
1	单相开关	1					
2	三相刀开关	1					
3	220 V、100 W 灯泡	1					
4	40 W 日光灯镇流器	1					

3. 资料的准备

为完成工作任务,每个工作小组需要向仓库工作人员提供借用资料清单,见表2-35。

表2-35　借用资料清单

序号	名　称	数量	借出时间	学生签名	归还时间	学生签名	管理员
1	图纸	1					
2	说明书	1					
3	维修记录	1					
4	电业安全操作规程	1					
5	电工手册	1					
6	电气安装施工规范	1					

(二)相关理论知识的准备

1. 电流互感器

电流互感器安装时应注意极性(同名端),一次侧的端子为 L1 和 L2(或 P1 和 P2),一次侧电流由 L1 流入,由 L2 流出。而二次侧的端子为 K1 和 K2(或 S1 和 S2),即二次侧的端子由 K1 流出,由 K2 流入。L1 与 K1,L2 与 K2 为同极性(同名端),不得弄错,否则若接电度表的话,电度表将反转。电流互感器一次侧绕组有单匝和多匝之分,LQG 型为单匝。而使用 LMZ 型(穿心式)时则要注意铭牌上是否有穿心数据,若有则应按要求穿出所需的匝数。注意:穿心匝数是以穿过空心中的根数为准,而不是以外围的匝数计算(否则将误差一匝)。电流互感器的二次绕组有一个绕组和两个绕组之分,若有两个绕组的,其中一个绕组为高精度(误差值较小)的一般作为计量使用,另一个则为低精度(误差值较大)一般用于保护。电流互感器的连接线必须采用 2.5 mm² 的铜心绝缘线连接,有的电业部门规定必须采用 4 mm² 的铜心绝缘线,但一般来说没有这种必要(特殊情况除外)。

2. 单相电度表间接接线

在用单相电度表测量大电流的单相电路的用电量时,应使用电流互感器进行电流变换,电流互感器接电度表的电流线圈。单相电度表共有 5 个接线端子,其中有 1,2 两个端子在表的内部用连片短接,如果单相电度表配合电流互感器使用时应将内部连片拆下。由于表内短接片已断开,因此互感器的 K2 端子应该接地。同时,电压线圈应该接于电源两端。如线路中有总电源开关应接在电度表后面。

五、操作步骤

①根据电气原理图安装元件、接线。

②线路原理图测绘及讲解。

③列出原件清单。

④领取元器件、材料。

⑤安装图测绘。

⑥元件安装、线路连接。

⑦通电试车。

⑧故障分析及排除。

⑨清理工具、工程垃圾、收集剩余材料。

六、实训结果记录与评价

各小组派代表上台总结完成任务的过程中,掌握了哪些技能技巧,发现错误后如何改正,并展示已接好的电路,通电试验效果。

负载通断情况:

电度表测量情况:

工作任务评价表见附表一。

七、任务巩固与提高

根据控制要求设计一个电路原理图。

控制要求:

①电路中负载用电量由单相电度表配合电流互感器来监测。

②线路有短路带漏电保护的空气断路器作为电源总开关。

③合上一位开关,负载灯开始工作。

完成后,仔细检查,客观评价,及时反馈。

八、技能拓展

①25 W 的白炽灯点亮多长时间为 1 度电？

②为了更好地完成任务，你可能需要获得以下资讯：

a. 单相电度表配合电流互感器接线时应将_____拆下。

b. 单相电度表的"1""3"端子接电流互感的_____和_____。

c. 主电源线从电流互感器的_____穿向_____。

d. 电流互感器的_____端必须要接地。

完成了，仔细检查，客观评价，及时反馈。

③将你接好的电路与其他组员的电路安装工艺进行对比，发现异同，在组内和组外进行充分的讨论，得出最佳工艺和安装技巧。

任务十一　三相电能监测操作训练（直接法）

一、任务描述

学会使用三相电度表测量三相电路中的用电量，根据要求设计电气原理图，并进行布线。

二、课时安排

12 课时。

三、学习目标

①掌握三相电度表的安装接线方法。

②掌握 3 个等功率的白炽灯作星形连接。

③能根据控制要求设计电路原理图。

④掌握电气元件的布置和布线方法。

四、工作准备

（一）工具、设备、器材、资料的准备

1.工具、设备的准备

为完成工作任务,每个工作小组需要向仓库工作人员提供借用工具、设备清单,见表2-36。

表2-36　借用工具、设备清单

序号	名　称	数量	借出时间	学生签名	归还时间	学生签名	管理员
1	三相电度表	1					
2	万用表	1					
3	验电笔	1					
4	钢丝钳	1					
5	尖嘴钳	1					
6	断线钳	1					
7	剥线钳	1					
8	螺丝刀	1					
9	电工刀	1					
10	斜口钳	1					
11	压线钳	1					

2.材料的准备

为完成工作任务,每个工作小组需要向仓库工作人员提供借用材料清单,见表2-37。

表2-37　借用材料清单

序号	名　称	数量	借出时间	学生签名	归还时间	学生签名	管理员
1	单相开关	1					
2	三相刀开关	1					
3	220 V,100 W 灯泡	9					
4	40 W 日光灯镇流器	3					
5	电流互感器	3					

3.资料的准备

为完成工作任务,每个工作小组需要向仓库工作人员提供借用资料清单,见表2-38。

表 2-38　借用资料清单

序号	名　称	数量	借出时间	学生签名	归还时间	学生签名	管理员
1	图纸	1					
2	说明书	1					
3	维修记录	1					
4	电业安全操作规程	1					
5	电工手册	1					
6	电气安装施工规范	1					

(二)相关理论知识的准备

1.三相交流电简介

(1)三相对称电动势的产生

三相电动势是由三相交流发电机产生的,它主要由转子和定子构成。定子中嵌有 3 个线圈,彼此相隔 120°的电角度,每个线圈的匝数、几何尺寸相同。当转子磁场旋转时,产生了最大值相等、频率相同、初相互差 120°的 3 个电动势,通常把它们称为对称三相电动势。

(2)三相四线制

仔细观察,可以发现马路旁电线杆上的电线共有 4 根,而进入居民家庭的进户线只有两根。这是因为电线杆上架设的是三相交流电的输电线,进入居民家庭的是单相交流电的输电线。自从 19 世纪末世界上首次出现三相制以来,它几乎占据了电力系统的全部领域。目前世界上电力系统所采用的供电方式,绝大多数是属于三相制电路。

三相交流电比单相交流电有很多优越性,在用电方面,三相电动机比单相电动机结构简单,价格便宜,性能好;在送电方面,采用三相制,在相同条件下比单相输电节约输电线用铜量。实际上单相电源就是取三相电源的一相,因此,三相交流电得到了广泛的应用。

使一个线圈在磁场里转动,电路里只产生 1 个交变电动势,这时发出的交流电称为单相交流电。如果在磁场里有 3 个互成角度的线圈同时转动,电路里就产生 3 个交变电动势,这时发出的交流电称为三相交流电。

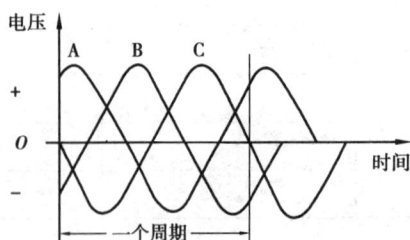

图 2-52　三相交流电

交流电机中,在铁芯上固定着 3 个相同的线圈 AX,BY,CZ,始端是 A,B,C,末端是 X,Y,Z。3 个线圈的平面互成 120°角。匀速地转动铁芯,3 个线圈就在磁场里匀速转动。3 个线圈是相同的,它们发出的 3 个电动势,最大值和频率都相同,如图 2-52 所示。

这 3 个电动势的最大值和频率虽然相同,但是它们的相位并不相同。由于 3 个线圈平面互成 120°角,所以 3 个电动势的相位互差为 120°。

1) 三相四线制供电

工业上用的三相交流电,有的直接来自三相交流发电机,但大多数还是来自三相变压器,对于负载来说,它们都是三相交流电源,在低电压供电时,多采用三相四线制,如图 2-53 所示。

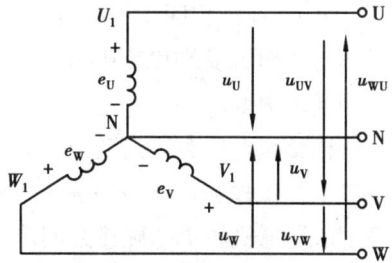

图 2-53　三相四线制中的电压

在三相四线制供电时,三相交流电源的 3 个线圈采用星形(丫形)接法,即把 3 个线圈的末端 U_2,V_2,W_2 连接在一起,成为 3 个线圈的公用点,通常称它为中点或零点,并用字母 N 表示。供电时,引出 4 根线:从中点 N 引出的导线称为中线或零线;从 3 个线圈的首端引出的 3 根导线称为 U_1 线、V_1 线、W_1 线,统称为相线或火线。在星形接线中,如果中点与大地相连,中线也称为地线。我们常见的三相四线制供电设备中引出的 4 根线,就是 3 根火线 1 根地线。

2) 三相四线制中的电压

由 3 根相线和 1 根中线构成的供电系统称为三相四线制供电系统,三相四线制可输送两种电压:一种是相线与相线之间的电压叫线电压,其有效值用 U_{UV},U_{VW},U_{WU} 表示;另一种是相线与中线间的电压叫相电压,其有效值用 U_U,U_V,U_W 表示。且线电压是相电压 $\sqrt{3}$ 倍。如图 2.53 所示。三相交流电源的 3 个线圈产生的交流电压相位相差 120°,3 个线圈作星形连接时,线电压等于相电压的 $\sqrt{3}$ 倍。我们通常讲的电压是 220 V,380 V,就是三相四线制供电时的相电压和线电压。

我国日常电路中,相电压是 220 V,线电压是 380 V($380 = \sqrt{3} \times 220$)。工程上,讨论三相电源电压大小时,通常指的是电源的线电压。如三相四线制电源电压 380 V,指的是线电压 380 V。

在日常生活中,我们接触的负载,如电灯、电视机、电冰箱、电风扇等家用电器及单相电动机,它们工作时都是用两根导线接到电路中,都属于单相负载。在三相四线制供电时,多个单相负载应尽量均衡地分别接到三相电路中去,而不应把它们集中在三相电路中的一相电路里。如果三相电路中的每一根所接的负载的阻抗和性质都相同,就说 3 根电路中负载是对称的。在负载对称的条件下,因为各相电流间的相位彼此相差 120°,因此,在每一时刻流过中线的电流之和为零,把中线去掉,用三相三线制供电是可以的。但实际上多个单相负载接到三相电路中构成的三相负载不可能完全对称。在这种情况下中线显得特别重要,而不是可有可无。有了中线每一相负载两端的电压总等于电源的相电压,不会因负载的不对称和负载的变化而变化,就如同电源的每一相单独对每一相的负载供电一样,各负载都能正常工作。若是在负载不对称的情况下又没有中线,就形成不对称负载的三相三线制供电。由于负载阻抗的不对称,相电流也不对称,负载相电压也自然不能对称。有的相电压可能超过负载的额定电压,负载可能被损坏(灯泡过亮烧毁);有的相电压可能低些,负载不能正常工作(灯泡暗淡无光)。像图 2-53 中那样的情况随着开灯、关灯等原因引起各相负载阻抗的变化。相电流和相电压都随之而变化,灯光忽暗忽亮,其他用电器也不能正常工作,甚至被损坏。可见,在三相四线制供电的线路中,中线起到保证负载相电压对称不变的作用,对于不对称的三相负载,中线不能去掉,不能在中线上安装保险丝或开关,而且要用机械强度较好的钢线作中线。

三相交流电依次达到正最大值(或相应零值)的顺序称为相序(Phase Sequence),顺时针按 A-B-C 的次序循环的相序称为顺序或正序,按 A-C-B 的次序循环的相序称为逆序或负序。相序是由发电机转子的旋转方向决定的,通常都采用顺序。三相发电机在并网发电时或用三相电驱动三相交流电动机时,必须考虑相序的问题,否则会引起重大事故,为了防止接线错误,低压配电线路中规定用颜色区分各相,黄色表示 A 相,绿色表示 B 相,红色表示 C 相。

3)三相负载的连接

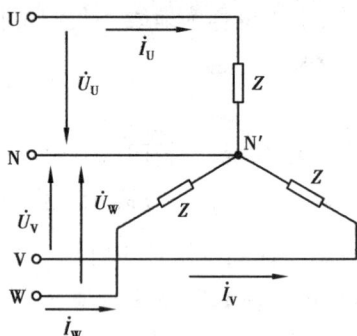

图 2-54　负载的星形(即Y形)连接

通常把各相负载相同的三相负载称为对称三相负载,如三相电动机、三相电炉等。如果各相负载不同,称为不对称的三相负载,如三相照明电路中的负载。

根据不同要求,三相负载既可作星形(即Y形)连接,也可做三角形(即△形)连接。把三相负载分别接在三相电源的一根端线和中线之间的接法,称为三相负载的星形联接,如图 2-54 所示。

①三相负载星形连接

对于三相电路中的每一相来说,就是一单相电路,因此各相电流与电压间的相位关系及数量关系都与单相电路的原理相同。

在对称三相电压作用下,流过对称三相负载中每相负载的电流应相等。

三相对称负载作星形连接时,星点并连接引出 1 根中线。此时取消中线也不影响三相电路的工作,三相四线制就变成三相三线制。通常在高压输电时,一般都采用三相三线制输电。

当负载不对称时,这时中线电流不为零。但通常中线电流比相电流小得多,因此中线的截面积可小些。当中线存在时,它能平衡各相电压,保证三相负载成为 3 个互不影响的独立电路,此时各相负载电压对称。但是当中线断开后,各相电压就不再相等了。因此在三相负载不对称的低压供电系统中,不允许在中线上安装熔断器或开关,以免中线断开引起事故。

在对称三相负载的星形连接中,线电流就等于相电流,线电压是每相负载相电压的 $\sqrt{3}$ 倍。

②三相负载三角形连接

把三相负载分别接在三相电源的每两根端线之间,称为三相负载的三角形连接,如图 2-55所示。

对于三角形连接的每相负载来说,也是单相交流电路,因此各相电流、电压和阻抗三者的关系仍与单相电路相同。

由于作三角形连接的各相负载是接在两根相线之间,因此负载的相电压就是电源的线电压。在对称三相电压作用下,流过对称三相负载中每相负载的电流应相等,而各相电流间的相位差仍为120°,而线电流是相电流的$\sqrt{3}$倍。

负载作三角形连接时的相电压比作星形连接时的相电压要高$\sqrt{3}$倍。因此,三相负载接到三个相电源中,应作△形还是Y形连接,要根据三相负载的额定电压而定。若各相负载的额定电压等于电源的线电压,则应作△形连接;若各相负载的额定电压是电源线电压的$1/\sqrt{3}$,则应作Y形连接。

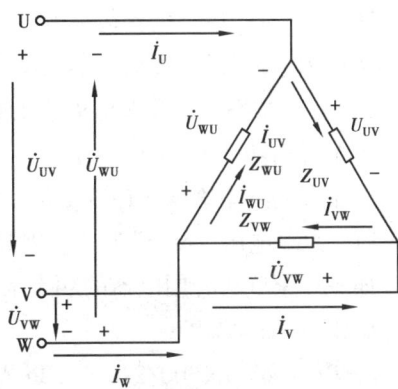

图 2-55　负载的三角形(即△形)连接

2. 三相电度表

（1）电度表的结构原理

电度表外形如图 2-56 所示,它的基本结构主要包括测量机构和辅助部件。测量机构是电能测量的核心部分,由驱动元件、转动元件、制动元件、轴承、计度器和调整装置组成。驱动元件由电压元件和电流元件组成,用来将交变的电压和电流转变为交变磁通,切割转盘形成驱动力矩,使转盘转动。制动力矩由磁钢形成,磁钢产生磁通,被转动着的转盘切割转盘中的感应电流,相互作用形成制动力矩从而阻止转盘加速转动。

（2）电度表的型号意义

图 2-56　电度表

“D”表示电度表,“T”表示三相四线,“86”表示设计年份,“2”表示设计序号,“4”表示过载倍数,“10”为基本电流,“40”为过载电流。“A”为电流单位。电能计算单位有功为 kW·h,无功为 kvar·h。

DD282,DD862 为单相有功电度表,精度为 2.0 级。

DT8,DT862 为三相四线有功电度表,精度为 2.0 级。

DS8,DS862 为三相三线有功电度表,精度为 2.0 级。

DT864 为三相四线有功电度表,精度为 1.0 级。

DS864 为三相三线有功电度表,精度为 1.0 级。

DX8,DX865 为三相三线无功电度表,精度为 3.0 级。

DX862 为三相四线无功电度表,精度为 3.0 级。

DX864 为三相四线无功电度表,精度为 2.0 级。

DX863 为三相三线无功电度表,精度为 2.0 级。

DDF292 为单相复费率电度表,精度为 2.0 级。

DTF292 为三相四线复费率电度表,精度为 2.0 级。

DTF291 为三相四线复费率电度表,精度为 1.0 级。

DSF292 为三相三线复费率电度表,精度为 2.0 级。

DSF291 为三相三线复费率电度表,精度为 1.0 级。

(3)有功功率的计算及电度表的选择

单相有功功率 $P = UI \cos \varphi$。

三相有功功率 $P = 3UI \cos \varphi$。

"U"为线电压"$\cos \varphi$"为功率因数。

如一户家庭所有用电器的功率为 300 W;

假设 $\cos \varphi = 1$

$I = P/U \cos \varphi = 300/220 = 1.36$ A

则此时可选择 DD862-21.5(6)A 电度表。

工厂中有三相四线 220/380 V,如通过电流为 60 A,$\cos \varphi = 0.8$

则有功功率 $P = UI \cos \varphi = 3 \times 380 \times 60 \times 0.8 = 31\ 590$ W $= 31.59$ kW

(4)电度表的接线图与安装使用

电度表的接线如图 2-57 所示。

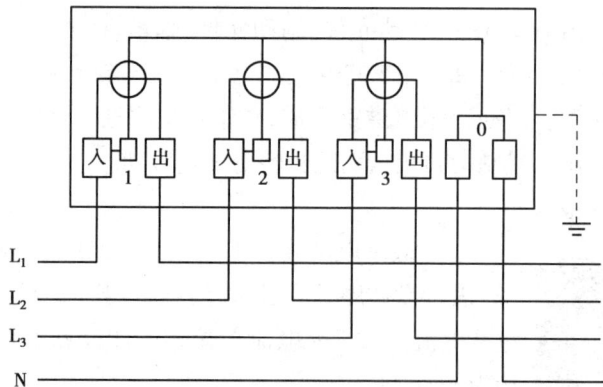

图 2-57　电度表的接线图

　①电度表应安装在室内,选择干燥通风的地方,安装电度表的底板应放置在坚固耐火不易受震动的墙上,建议安装高度为 1.8 m 左右,安装后的电度表应垂直不倾斜。安装时应按规定将外壳上的接地端接地。

　②电度表按规定的相序(正相序)接入线路,并按端钮盒盖上的接线图进行接线;应使用铜线或铜接头接入,铜线截面积应保证每平方毫米载流量不大于 5 A。拧紧螺钉,避免接线短路的接触不良造成烧毁设备和电度表。严禁带电接线和打开端钮盒盖。

　3.三相漏电断路器

　(1)主要用途与使用范围

　DZ47LE-32(63)漏电断路器适用于交流 50 Hz,额定电压至 380 V,额定电流至 63 A 的线路中,作为人身触电和设备漏电保护之用,有过载和短路保护功能,也可在正常情况下作为线路的不频繁通断之用,如图 2-58 所示。

基本参数：

额定电压：220 V,380 V。

额定频率：50 Hz。

额定剩余动作电流：30 mA,50 mA。

额定剩余动作电流下的分断时间≤0.1 s。

（2）断路器的安装

断路器的安装如图 2-59 所示。

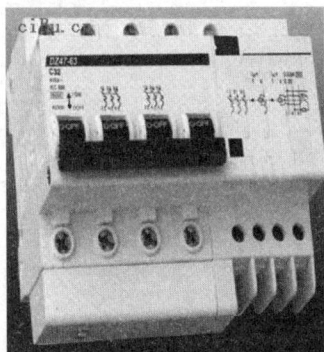

图 2-58　DZ47LE-63 漏电断路器

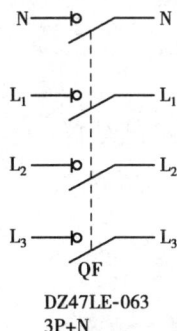

DZ47LE-063
3P+N

图 2-59　断路器的安装

①安装时应检查铭牌及标志上的基本技术数据是否符合要求。

②检查断路器,并人工操作几次,动作应灵活,确认完好无损,才能进行安装。

③断路器应垂直安装,使手柄在下方,手柄向上的位置是动触头闭合位置。

（3）断路器的使用

①要闭合保护断路器,须将手柄朝 ON 箭头方向往上推;要分断,将手柄朝 OFF 箭头方向往下拉。

②断路器的过载、短路、过电压保护特性均由制造厂整定,使用中不能随意拆开调节。

③断路器运行一定时期(一般为一个月)后,需要在闭合通电状态下按动实验按钮,检查过电压保护性能是否正常可靠(每按一次实验按钮,断路器均应分断一次)。

五、操作步骤

①线路原理图测绘及讲解。

②列出原件清单。

③领取元器件、材料。

④相关知识介绍。

⑤安装图测绘。

⑥元件安装、线路连接。

⑦通电试车。

⑧故障分析及排除。

⑨清理工具、工程垃圾,收集剩余材料。

六、实训结果记录与评价

各小组派代表上台总结完成任务的过程中,掌握了哪些技能技巧,发现错误后如何改正,并展示已接好的电路,通电试验效果。

负载通断情况:

电度表测量情况:

安装工艺情况:

其他小组提出的改进建议:

工作任务评价表见附表一。

七、任务巩固与提高

1. 根据控制要求设计一个电路原理图

控制要求:

①电路中三相负载的用电量由三相电度表来监测。

②线路有短路带漏电保护的断路器作为电源总开关。

③负载灯要求用 3 个等功率白炽灯作星形接法。

2. 填写电气材料清单

3. 按照材料清单领取电气材料

完成了,仔细检查,客观评价,及时反馈。

4. 工作任务实施

根据电气原理图安装元件、接线。

八、技能拓展

①3 个白炽灯怎么连接叫三角形接法?

②三相负载有功功率怎么计算?

③被测量电路电流大于电度表的最大电流应该怎样测量电路中的有功功率?

④如果手上没有三相电度表,用 3 个单相电度表代替,应该怎么接线? 请画出接线原理图。

⑤为了更好地完成任务,你可能需要获得以下资讯:

a. 三相交流电彼此相隔_____度的电角度。

b. 由 3 根相线和 1 根中线构成的供电系统称为_____制供电系统,三相四线制可

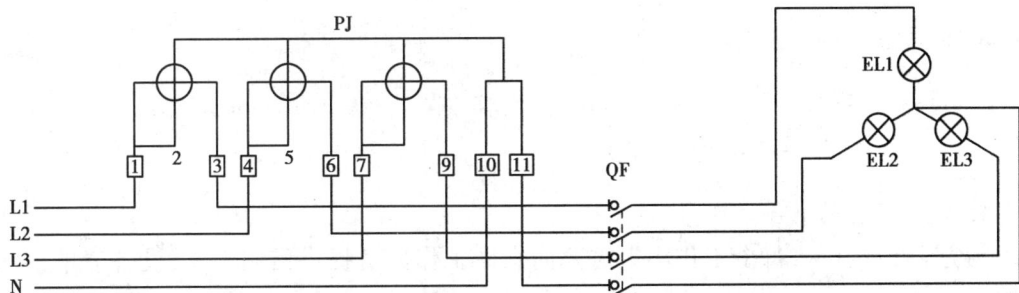

输送两种电压：一种是相线与相线之间的电压叫_____；另一种是相线与中线间的电压叫_____。

　　c. 根据不同要求，三相负载既可作_____连接，也可作_____连接。

　　d. DT862-4 为_____电度表，精度为_____级。

任务十二　三相电能监测操作训练（间接法）

一、任务描述

　　学会使用三相电度表配合电流互感器测量三相电路中的用电量，根据要求设计电气原理图，并进行布线。

二、课时安排

　　12 课时。

三、学习目标

　　①掌握三相电度表配合电流互感器的安装接线方法。
　　②掌握 3 个等功率白炽灯的三角形连接。
　　③掌握换相开关的工作原理及电压监测。
　　④能根据控制要求设计电路原理图。
　　⑤掌握电气元件的布置和布线方法。

四、工作准备

（一）工具、设备、器材、资料的准备

1. 工具、设备的准备

为完成工作任务，每个工作小组需要向仓库工作人员提供借用工具、设备清单，见表2-39。

表2-39　借用工具、设备清单

序号	名　称	数量	借出时间	学生签名	归还时间	学生签名	管理员
1	三相电度表	1					
2	万用表	1					
3	验电笔	1					
4	钢丝钳	1					
5	尖嘴钳	1					
6	断线钳	1					
7	剥线钳	1					
8	螺丝刀	1					
9	电工刀	1					
10	斜口钳	1					

2. 材料的准备

为完成工作任务，每个工作小组需要向仓库工作人员提供借用材料清单，见表2-40。

表2-40　借用材料清单

序号	名　称	数量	借出时间	学生签名	归还时间	学生签名	管理员
1	单相开关	1					
2	三相刀开关	1					
3	220 V,100 W 灯泡	1					
4	40 W日光灯镇流器	1					
5	电流互感器	1					

3. 资料的准备

为完成工作任务，每个工作小组需要向仓库工作人员提供借用资料清单，见表2-41。

表 2-41 借用资料清单

序号	名　称	数量	借出时间	学生签名	归还时间	学生签名	管理员
1	图纸	1					
2	说明书	1					
3	维修记录	1					
4	电业安全操作规程	1					
5	电工手册	1					
6	电气安装施工规范	1					

(二)相关理论知识的准备

1. 流互感器

电流互感器安装时应注意极性(同名端),一次侧的端子为 L1 和 L2(或 P1 和 P2),一次侧电流由 L1 流入,由 L2 流出。而二次侧的端子为 K1 和 K2(或 S1 和 S2),即二次侧的端子由 K1 流出,由 K2 流入。L1 与 K1,L2 与 K2 为同极性(同名端),不得弄错,否则若接电度表的话,电度表将反转。电流互感器一次侧绕组有单匝和多匝之分,LQG 型为单匝。而使用 LMZ 型(穿心式)时则要注意铭牌上是否有穿心数据,若有则应按要求穿出所需的匝数。注意:穿心匝数是以穿过空心中的根数为准,而不是以外围的匝数计算(否则将误差一匝)。电流互感器的二次绕组有 1 个绕组和两个绕组之分,若有两个绕组的,其中 1 个绕组为高精度(误差值较小)的一般作为计量使用,另 1 个则为低精度(误差值较大)一般用于保护。电流互感器的连接线必须采用 2.5 mm² 的铜心绝缘线连接,有的电业部门规定必须采用 4 mm² 的铜心绝缘线,但一般来说没有这种必要(特殊情况除外)。

2. 三相电度表配合电流互感器接线

有三相三线式(三相两元件)和三相四线式(三相三元件)两种,如图 2-60、图 2-61 所示。

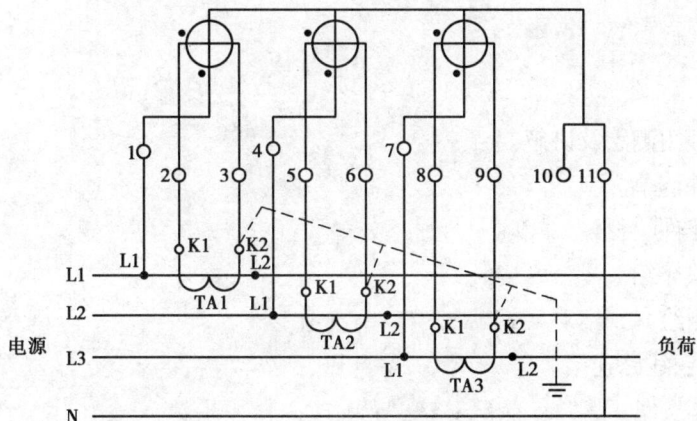

图 2-60 三相四线式(三相三元件)电度表经电流互感器接线原理图

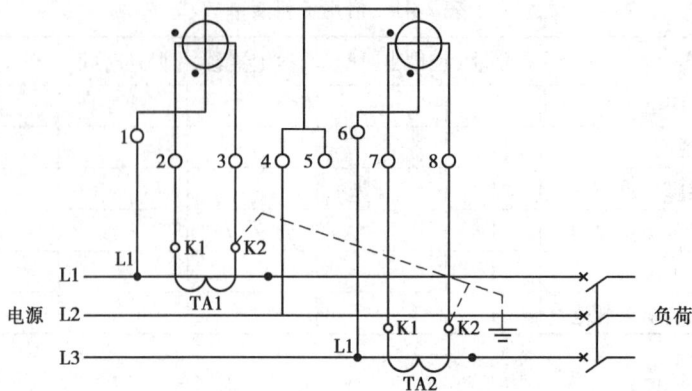

图2-61　三相三线式(三相两元件)电度表经电流互感器接线原理图

选件及接线要求：

①电度表的额定电压应与电源电压一致,额定电流应是 5 A 的。

②要按正相序接线。

③电流互感器是 LQG 型的,精度应不低于 0.5 级。电流互感器的极性要用对。

④二次线应使用绝缘铜导线,中间不得有接头。其截面:电压回路应不小于 1.5 mm²;电流回路应不小于 2.5 mm²。

⑤二次线应排列整齐,两端穿带有回路标记和编号的"标志头"。

⑥当计量电流超过 250 A 时,其二次回路应经专用端子接线,各相导线在专用端子上的排列顺序:自上至下,或自左至右为 U,V,W,N。

⑦三相四线有功电度表(DT 型),可对三相四线对称或不对称负载作有功电量的计量;而三相三线有功电度表(DS 型),仅可对三相三线对称或不对称负载作有功电量的计量。

例如某三相四线负荷电流为 361 A,经电流互感器接线的三相有功电度表作有功电量计量。可选 DT8 380/220,3×5 A 的有功电度表。用 LQZ-0.5 400/5 的电流互感器。

五、操作步骤

①线路原理图测绘及讲解。

②列出原件清单。

③领取元器件、材料。

④相关知识介绍。

⑤安装图测绘。

⑥元件安装、线路连接。

⑦通电试车。

⑧故障分析及排除。

⑨清理工具、工程垃圾,收集剩余材料。

六、实训结果记录与评价

各小组派代表上台总结完成任务的过程中,掌握了哪些技能技巧,发现错误后如何改正,并展示已接好的电路,通电试验效果。

负载通断情况:

电度表测量情况:

其他小组提出的改进建议:

工作任务评价表见附表一。

七、任务巩固与提高

根据控制要求设计一个电路原理图

控制要求:

①电路中三相负载的用电量由三相电度表配合电流互感器间接监测。

②线路有短路带漏电保护的空气断路器作为电源总开关。

③负载灯要求用 3 个等功率的白炽灯作三角形接法。

④利用换相开关配合电压表测量三相电压。

八、技能拓展

①怎样用三相单相电度表配合 3 个电流互感器测量三相电路的有功功率?

②经电流互感器变比后怎样计算电度?

③为了更好地完成任务,你可能需要获得以下资讯:

a.电度表建议安装高度为_____m 左右,安装后的电度表应_____不_____。

b.电流互感器二次侧的 K2 一端,外壳均要可靠_____。

c.互感器可_____或_____安装。

d.互感器运行时严禁二次绕组_____。

④将你接好的电路与其他组员的电路安装工艺进行对比,发现异同,在组内和组外进行充分的讨论,得出最佳工艺和安装技巧。

任务十三　单相、三相电能监测操作训练(电子式)

一、任务描述

学会使用电子式三相电能表测量单相、三相电路中的用电量,根据要求设计电气原理图,并进行布线。

二、课时安排

12 课时。

三、学习目标

①掌握电子式单相、三相电能表的安装接线方法。
②掌握 3 个白炽灯的星形连接。
③能根据控制要求设计电路原理图。
④掌握电气元件的布置和布线方法。

四、工作准备

(一)工具、设备、器材、资料的准备

1.工具、设备的准备

为完成工作任务,每个工作小组需要向仓库工作人员提供借用工具、设备清单,见表 2-42。

表 2-42　借用工具、设备清单

序号	名　称	数量	借出时间	学生签名	归还时间	学生签名	管理员
1	电子式三相电度表	1					
2	万用表	1					
3	验电笔	1					
4	钢丝钳	1					

序号	名　称	数量	借出时间	学生签名	归还时间	学生签名	管理员
5	尖嘴钳	1					
6	断线钳	1					
7	剥线钳	1					
8	螺丝刀	1					
9	电工刀	1					
10	斜口钳	1					

2. 材料的准备

为完成工作任务,每个工作小组需要向仓库工作人员提供借用材料清单,见表2-43。

表2-43　借用材料清单

序号	名　称	数量	借出时间	学生签名	归还时间	学生签名	管理员
1	单相开关	1					
2	三相刀开关	1					
3	220 V,100 W 灯泡	9					
4	40 W 日光灯镇流器	3					
5	电流互感器	3					

3. 资料的准备

为完成工作任务,每个工作小组需要向仓库工作人员提供借用资料清单,见表2-44。

表2-44　借用资料清单

序号	名　称	数量	借出时间	学生签名	归还时间	学生签名	管理员
1	图纸	1					
2	说明书	1					
3	维修记录	1					
4	电业安全操作规程	1					
5	电工手册	1					
6	电气安装施工规范	1					

(二)相关理论知识的准备

1. 电子式电能表的基本原理

电能作为一种商品,衡量其多少的唯一工具是电能表。随着电子工业的发展,正在向高智能、高精度、高可靠性和全自动计费的方向发展。

(1)电子式电能表的基本原理

电子式电能表是基于电功率的测量技术,采用电子乘法器实现功率运算的新型电能计量仪表。具体是把输入的电压信号或电流信号经分压器和互感器进行增益和相位补偿后,分别送至有功乘法器和无功乘法器(90°相移后送无功乘法器)产生脉冲信号,经过处理器、检测器等电路准确地测量出有功、无功、视在功率电能,并进行各种费率时段处理以及最大需量选择。

(2)特点对比

①精度高。电子式电能表能在很宽的电压、电流范围内实现1.0至0.1级高精度的电能测量。1.0级表误差很容易控制在±0.5%以内,0.5级可控制在±0.2%以内,0.2级表可控制在±0.1%以内。而机械式电能表做到0.5级就已经很困难了。

②误差曲线平直。从负载下限到最大负载,误差数据基本不变。而对于机械式电能表,即使调整优良也不可能实现,而且大部分机械式电能表在轻负载时误差数据偏大且为负值。

③误差恒定。在误差范围内不因内部条件变化而发生变化,校验数据基本不变。机械式电能表由于存在机械磨损的因素导致误差加大,必须定期(3~6个月)进行调整校验。实际应用中,只对少数大用户进行校验,对于占绝大多数的小用户和居民用户进行周期校验很难实现,运行中轻负载负超差现象仍然存在。

④TV二次回路压降小。电子式电能表接入TV二次回路后,每相输入电流仅为10 mA,而且一只电子式表可同时实现有功、无功及最大需量测量,至少取代3只机械式电能表,对于同样的TV二次回路压降可减少到1/20,甚至更小。而压降通常是负值。同时,电子式电能表对于提高电能计量精度,减少电量计量损失作用较大。

⑤省去抄表环节。实现电量预购功能是电子式电能表的主要特点。用户到供电部门预先购买了电量,就不用抄表员去用户处抄表,减少用工成本。

⑥便于信息化管理。电子式电能表装有微电脑和专用程序,所有程序和数据处理均自动完成。供电部门可通过计算机售电管理系统对用户实现预购电量、预置最大负荷限制、对电卡进行密码设置等功能。同时按需要储存用户表的出厂表号、表常数、计度器初始值、用户住址、姓名等相关信息以便进行系统的管理。

⑦记录判断及报警功能。电子式电能表在其数据卡中存有总电量、本次剩余电量和上次剩余电量、负电量、总购电次数等数据,便于供电部门与用户进行信息传递,保护供、用电双方的利益。电子式电能表自动计算用户消耗电量,并在电量小于一定量时数码管常亮并显示所剩电量,提醒用户及时购电。当用户电量剩至5 kW·h时,报警提醒用户购电。

⑧不受安装位置影响。机械式电能表由于受其工作原理的制约,对其安装位置尤其是悬挂角度要求很高,否则会影响精度和寿命。而电子式则不然,由于采用电子技术,其精度取决于采样及运算的准确度,而与安装位置无关。

（3）存在的问题

1）可靠性问题

电子式电能表对关键电子部件，如 PBC 板电源，数据卡的工作性能要求很高，其性能高低直接影响正常使用。

2）抗干扰和抗过压能力差

对于低压表，由于电压回路直接接入电网，则存在电网浪涌冲击或其他干扰以及电网电压长时间偏高造成电子式电能表损坏的情况。

3）产品成熟度有待提高

电子式电能表属新型计量产品，其产品结构不丰富，型号规格不多，可选择余地小。

（4）电能表的选择

电能表分为单相、三相三线和三相四线 3 种。电能表的选择使用应参照以下要求：

1）严格区分用户

在选用电能表前，首先应区分使用者是居民用户、工矿企业，还是服务业等情况。对于数量庞大的居民用户尽量推荐使用电子式单相电能表，因为电子表校验周期很长，精度高。对于生产者如企业等用户，结合实际情况依照用户要求可选择使用电子式或机械式三相三线电能表，或者电子式或机械式三相四线电能表。虽然机械电能表校验周期短，但鉴于在一个辖区的工矿企业相对较少，因此，用户选用哪种电能表都行。如果属于新用户或者更新电能表，以选择电子式电能表为宜。

2）尊重用户，避免"一刀切"现象

单相机械式电能表在我国使用率是最高的，仪表生产厂家多，产品结构丰富，规格型号齐全，相关产业庞大。不能只因新型电子式电能表的功能优点而全面淘汰机械式电能表，应以科学发展观的态度，尊重国情，尊重用户选择，循序渐进，逐步推广电子式电能表。若全面更新换代，会造成产业链的极大浪费和大多数人的反对。因此，应结合实际情况，有选择地进行更换。

3）以用量定规格

电能表以电压或电流大小作为规格指标。电压规格分为：110 V，220 V，380 V 等规格，电流规格分为：2(10) A，5(10) A，5(20) A，10(30) A，20(80) A 等规格。不同的用户选择不同的规格。对于大用电户，可结合互感器变比作适当选择。而对于小用电户，电流规格要以用户用电的大小而定，不能采取小规格电能表的办法限定用户的用电量。不能单纯考虑 TA，TV 回路轻载时的误差让电能表超过载运行。标定电流应根据用户的用电功率和用电总量来正确选定。建议推广过载三倍表和二倍表。

（5）电能表的发展趋势

电子式电能表解决了抄表和精度的问题，这是一个新的开端。相信在不远的将来，能实现电能表能自动调节电压和电流规格，自动向供电部门中心机房发送用电数据，通过网络和移动通信实现信息互通，到时用户只需向银行结算电费，供电部门只设客户服务中心以提供优质服务，从而实现新的供用电经营模式。

在当代计量工作中,智能化全自动电能表还未面世的真正原因不是技术问题,而是市场原因,是产业结构的原因。面对电子式电能表和将来智能化全自动电能表强势功能的体现和普及应用,机械式电能表何去何从,是摆在相关管理部门和供电部门面前的突出问题。根据我国国情,在一定的时间内机械式电能表和新型的电能表将同时存在。随着产业和人员结构的不断调整和进一步完善,新型智能化全自动计量仪器仪表才会推陈出新,逐步取得主导地位,促使计量工作迈向一个全新的台阶。

2.电子式电能表的知识拓展

(1)型号说明

电子式电能表的型号说明如图2-62所示。

(2)电子式电能表的原理框图

电子式电能表的原理框图如图2-63所示。

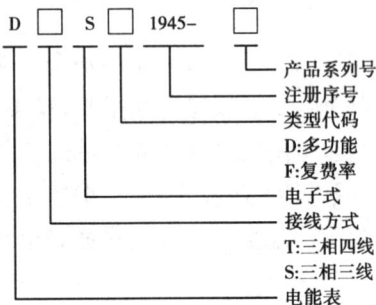

图2-62　型号说明

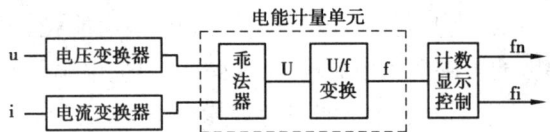

图2-63　电子式电能表工作原理框图

(3)三相电子式电能表典型通信与接口

电子式电能表的原理框图如图2-64所示。

(4)电子式电能表的接线图与安装使用(与感应式类似)

图2-64　三相电子式电能表接口

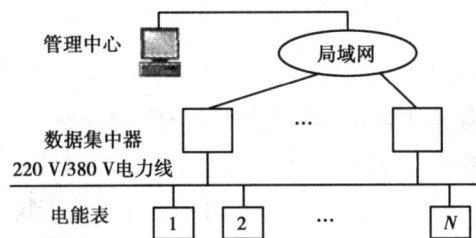

图2-65　供电测控系统构成框图

①电度表应安装在室内,选择干燥通风的地方,安装电度表的底板应放置在坚固耐火不易受震动的墙上,建议安装高度为1.8 m左右,安装后的电度表应垂直不倾斜。安装时应按规定将外壳上的接地端接地。

②电度表按规定的相序(正相序)接入线路,并按端钮盒盖上的接线图进行接线;应使用铜线或铜接头接入,铜线截面积应保证每平方毫米载流量不大于5 A。拧紧螺钉,避免接线短路的接触不良造成炸毁设备和电度表。严禁带电接线和打开端钮盒盖。

3.几种典型的电子式电能表

（1）单相电子式复费率电能表

能精确地计量有功电能、最大需量等数据。该表集有功、分时计费于一体，表中设有 4 种费率、10 个时段；具有遥控器红外编程、掌上电脑红外抄表及 RS485 通信接口有线抄表功能，是电力部门进行现代化电能测量的理想计量仪表。

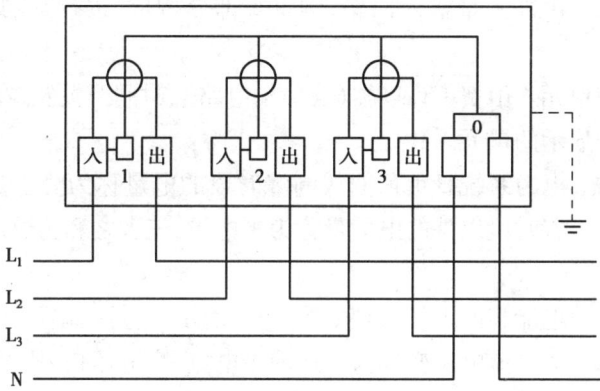

图 2-66　接线图

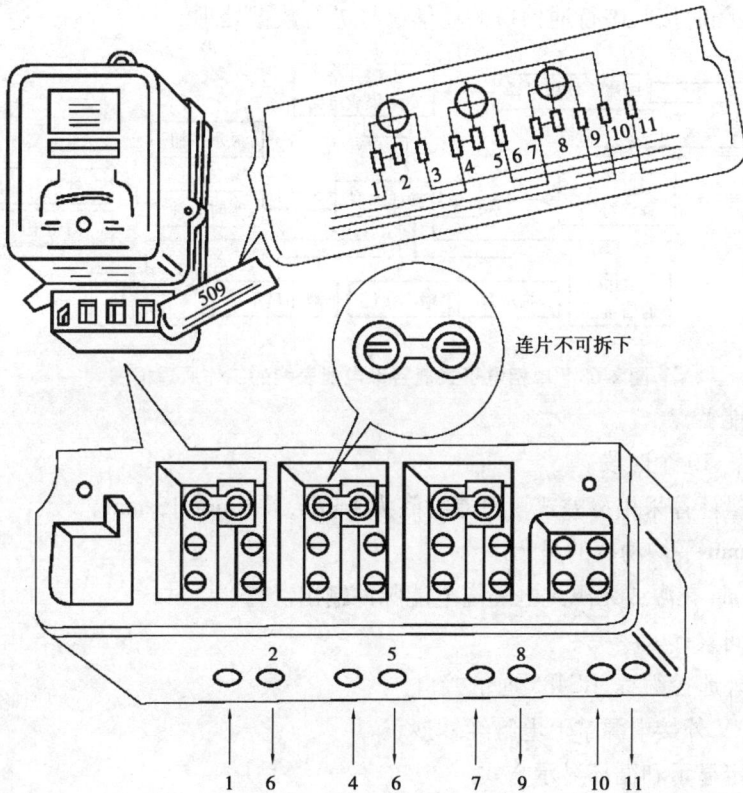

图 2-67　安装

1）常用术语

①复费率电能表。有多个计度器分别在规定的不同费率时段内记录交流有功或无功电能的电能表。

②费率计度器。由储存器（用作储存信息）和显示器（用作显示信息）两者构成的电一机械装置或电子装置，能记录不同费率的有功或无功的电能量。

③电能测量单元。由被测量输入回路、测量等部分构成，进行有功或无功电能计量的单元。

④费率时段控制单元。由费率计度器（含驱动电路）、时间开关及逻辑电路等构成，进行费率时段电能测量和显示的单元。

⑤峰、平、谷电量。电力系统日负荷曲线高峰时段的电量称为峰电量，低谷时段的电能量称为谷电量，计量峰、谷时段以外的电能量称为平电量，三者之和为总电量。

2）工作原理

单相电子式复费率电能表的工作原理如图 2-68 所示。电流、电压采样电路是将流过线路的大电流和外部 220 V 交流电压变换为合适的小电流、小电压信号，经电能专用集成电路转换成随功率变化的脉冲信号。单片微处理器接收到功率脉冲信号后进行电能累计，并且存入存储器中，同时读取时钟信号，按照预先设定好的时段分时计量，并将数据输出到显示器中显示，并且随时接收串行通信口的通信信号进行数据处理。

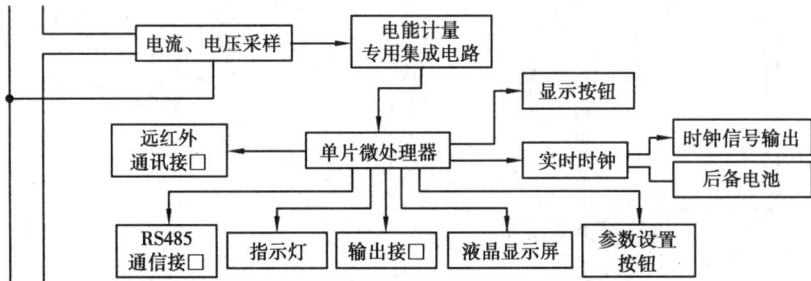

图 2-68 单相电子式复费率电能表能的工作原理框图

3）主要功能特点

①4 种费率、10 个时段。

②最大需量计算采用滑差式。滑差时间为 1 min，3.5 min，15 min。

③当前 1 min 平均功率的显示。

④5 V/80 ms 有源或无源光电隔离电能脉冲输出。

⑤停电时间累计。

⑥具有红外遥控编程、RS485 通信接口。

⑦可用 12 V 外接电源掌上电脑红外抄表。

⑧可设固定显示和循环显示方式。

⑨可记录 3 个月（本月、上月、上上月）的有功总电能、各费率电能、最大需量及需量发生的时间等信息。

⑩遥控器可全面显示所有功能项,并可方便编程。

4)规格

单相电子式复费率电能表的规格见表 2-45。

表 2-45　单相电子式复费率电能表的规格

准确度等级	额定电压 U_e/V	基本电流 I_b/A	表壳类型
1.0	220	5(6) 2.5(10) 5(20) 5(30) 10(40)	1 型
		15(60) 20(80) 20(100)	2 型

5)基本误差

单相电子式复费率电能表的基本误差见表 2-46。

表 2-46　单相电子式复费率电能表的基本误差

基本电流	功率因数 $\cos \phi$	基本误差/%
$0.05I_b$	1.0	±1.5
$0.1I_b \sim I_{max}$	1.0,0.5L,0.8C	±1.0
$0.1I_b$	0.5L,0.8C	±1.5

6)主要技术指标

①时钟准确度:日误差 ≤ ±0.5 s/d。

②停电后数据保持时间:≥10 年。

③电能计度器容量:99 999.9 kW·h。

④需量计度器容量:99.999 kW。

⑤绝缘耐压:≥2 000 VAC。

⑥功耗(LED 显示):≤2 VA。

⑦启动电流:0.4% I_b。

⑧电池功耗(停电不显示时):≤0.4 μA。

⑨工作温度: -20 ~ +50 ℃。

⑩存储和运输温度: -25 ~ +50 ℃。

⑪湿度:≤75%。

7）显示功能

①数码管显示。左边两位指示功能序号,右边6位指示内容。

②峰平谷指示灯。峰、平、谷指示灯中的1个亮,依次代表右边6位显示为峰电量、平电量、谷电量;峰、平两灯齐亮表示尖峰电量;3灯全亮表示总电量。当功能序号显示00号时,峰、平、谷指示灯指示当前时段的费率,便于用户监视时段的正常切换。

③欠压指示灯。内部电池欠压时此灯常亮显示。

④电能脉冲灯。用于指示用户用电负载情况。

8）遥控器功能

①记忆键:编程时,将调整正确的数据记忆,同时功能号递增1位;读表时,显示"00"项功能序号。

②右移键。编程时循环移动要调整的数据位;在正常工作状态下,该键为循环显示和固定显示转换开关。

③上移及下移键。编程时,用以增、减闪烁位的数值;正常工作时,用以增、减显示项功能序号。

④编程键:在需要对电能表进行编程时,按此键2 s便可进入编程状态。

⑤清零键:在电能表最大需量需要清零时按此键可将最大需量值清零。

⑥复位键:编程状态时按此键退出编程,正常工作时按此键显示功能序号"00"项。

⑦数字键。数字键0—9在编程状态时用于修改数码管闪烁位的数值,正常工作时用于查看功能序号项数据。

⑧自检键。用于检查数码管各段显示是否正常。

9）遥控器编程

出厂后第一次编程时务必进行总清操作(用遥控器清零键操作)。

①进入编程状态。按"编程"键,此时显示"99—0",依次在数码管闪烁位输入6位密码,密码正确后进入编程状态,显示编程首项内容"00××××××"。若输入密码有误,则显示错误次数提示"99—×",若连续错误超过10次,电能表将自动锁定当日编程功能。次日可再进行编程,其他功能不受影响。电能总清后密码为"000000"。

②选定编程项。进入编程状态后,左边两位数码管显示编程项目号,用遥控器上的数字键"0—9"或者按"上移"或"下移"键,改变到要编程的项目号。

③输入数据。按"右移"键选择数据位,其闪烁位可用数字键"0—9"或"上移""下移"键输入数字。

④记忆数据:确认输入数据正确后,按记忆键保存该项数据。如果需要对其他项编程,重复②、③、④操作步骤。

⑤编程结束:按"复位"键结束编程。

⑥时段设置说明。时段总清后为00点00分,费率为1(1,2,3,4分别表示费率尖、峰、平、谷)。编程时各时段按24 h制从早到晚排列。

⑦分时电量预置说明。只要将尖、峰、平、谷电量进行预置,系统会将4个电量自动累加

写入总电量,而对总电量预置时各分时电量不受影响。

10)读表

表内存储 3 个月的电量、最大需量,即当月、上月、上上月数据。新的一月数据以最大需量清零时刻起保存。

①直接读表

表内显示可以设定为固定项目显示或循环显示。固定显示时,用户只要按遥控器上的"数字键""上移"或"下移"键显示相应功能顺序号项内容,按复位或记忆键显示回到"00××××××"项。

②最大需量清零

最大需量清零是将当前电能表内电量、最大需量冻结保存。按清零键后电能表自动将上月电量、需量等数据存入上上月保存,将当前电量、需量等数据存入上月保存,当前需量置 0,以后依次类推。

最大需量清零有自动和手动两种方式。当设置为自动方式时,必须设定用电结算日(01 ~ 28),电能表在该日的 0 时自动需量清零。若该日停电,则电能表在该日后的第一次通电时首先进行自动需量清零。当设置为手动方式时,按遥控器上的"清零"键,显示" 98—0",在数码管闪烁位输入 6 位密码,密码正确后,电能表自动进行需量清零,电能表总清后的最大需量清零密码为"000000"。

注意:编程密码与最大需量清零密码是相互独立的,为防止误操作,电能表每天只允许需量清零一次,第二次需量清零操作无效(且电能表显示 NO)。

(2)单相预付费电能表

单相预付费电能表是在普通单相电子式电能表基础上增加了微处理器、IC 卡接口和表内跳闸继电器构成的。它通过 IC 卡进行电能表电量数据以及预购电费数据的传输,通过继电器自动实现欠费跳闸功能,为解决抄表收费问题提供了有效的手段。

1)基本原理

单相预付费电能表原理如图 2-69 所示。测量模块为表计核心,它和普通电子式单相电能表采用相同技术输出功率脉冲到微处理器。微处理器接收到测量部分的功率脉冲进行电能累计,并且存入存储器中,同时进行剩余电费递减,在欠费时给出报警信号并控制跳闸。它随时监测 IC 卡接口,判断插入卡的有效性以及购电数据的合法性,将购电数据进行读入和处理。它还将数据输出到相应的显示器中显示。

显示采用液晶显示器(LCD)或数码管显示(LED)。继电器一般为磁保持继电器,可以通断较大的电流。电能表中可扩展 RS485 接口,进行数据抄读。

2)IC 卡技术

在预付费电能表中 IC 卡技术是一个关键技术。IC 卡是集成电路卡(Intergrated Circuit Gard)的简称。它将集成电路镶在塑料卡片上。它与磁卡比较有接口电路简单、保密性好、不易损坏、存储容量大、寿命长等特点。IC 卡中的芯片分为不挥发的存储器(也称存储卡)、保护逻辑电路(也称加密卡)和微处理单元(也称 CPU 卡)3 种。在电能表上使用的卡,这 3

种都有,接口往往采用串行方式的接触式卡。

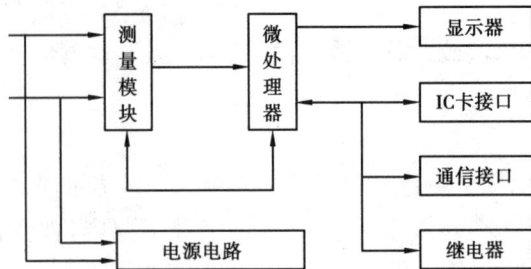

图 2-69　单相预付费电能表原理框图

下面对各种卡的构成特点及使用特点作简单介绍。

①存储卡

在目前大量使用的存储卡中,可以分为以下 3 种:

a. 只读型。数据一次性写入存储器不可更改,往往由 ROM 或 PROM 存储器构成,其价格非常低廉,但数据内容不可改变,适用于游戏卡、特定标志卡等。

b. 计数型。芯片采用熔丝式的电路或存储单元锁死的电路,单元初始状态为 1(未熔断或未锁死),当需要改写时,把相关单元熔丝烧断,单元状态变为 0。计数卡简单可靠,数据内容不可改写,有很高的安全性,成本也较低;缺点是卡不可以改写,不能重复充值使用。它适用于电话卡、加油收费卡等。

c. 充值型。芯片采用电可擦除的存储电路,可以重复改写多次(一般为 1 万次以上),数据保持时间一般大于 10 年。它适用于卡的数据需要反复改写的场合,如收费卡、公路卡等。

②加密卡

加密卡由电可擦除存储单元和密码控制逻辑单元构成,对于存储区数据的读写受到逻辑单元的控制不能任意进行,必须先核对密码后才可以操作,否则卡将被锁死。这样可以大大提高卡的安全保密性能。

加密卡中分主存储区、保护存储区、加密存储区 3 部分。其中主存储区数据可以任意读写。保护存储区数据可以任意读出,但改写需要先送"检验字",芯片将检验字与存在加密存储区的密码比较,当检验结果一致时,控制逻辑打开存储器,可以进行写入。检验字比较次数限定 4 次,如果连续 4 次检验出错,芯片将锁死,整个芯片只能读出,不能再使用。加密存储区为存放密码和比较计数值的区域,此区域在校验字未比较成功前不能读写。

③CPU 卡

在卡上集成了存储器及微处理器。由于有了微处理器,CPU 卡可以进行各种较为复杂的运算,而且从总线上直接进行检验字比较变为间接的卡的认证和识别,排除了从总线上破译密码的可能,安全性能有了很大提高。目前 CPU 卡已在金融卡中广泛使用。IEC7S16 国际标准中,对 CPU 卡的结构、数据接口都有规定。

3)主要性能指标及功能

①主要参数。

a. 准确等级:1.0 级。

b. 电流规格:5(20),10(40)A。

c. 电压回路功耗:<2 W。

d. 工作电压范围:(70% ~130%)U_e。

e. 脉冲常数:5(20)A,3 200 imp/(kW·h);10(40)A,1 600 imp/(kW·h)。

f. 启动电流:4%I_b。

g. 卡类型:加密卡。

h. 设计寿命:15 年。

②主要功能。

a. 计量功能。计量有功电量,有功 = 正向有功 + 反向有功。

b. 功率脉冲输出。脉冲宽度 80 ms ±5 ms,空触点输出,同时有脉冲 LED 指示。

c. 负荷控制。具有超功率自动断电的负荷控制功能,可以设置功率限额以及允许次数,当平均功率大于限额后,电能表跳闸并显示当时的功率。使用用户购电卡插入电能表可以恢复供电。但当超功率跳闸次数超过设定的允许次数时,电能表将不可恢复供电,只有使用了参数设置卡改变了功率限额后,才恢复供电。

d. 防窃电功能。具有自动检测短接电流回路的防窃电功能,当短接进出线时,电能表显示"0",并且记录窃电次数。

e. 显示。LCD 显示可以设置自动及手动(按钮切换)方式显示以下几项数据:01:有功总电量;02:剩余电费;03:费率;04:剩余电费报警限额;05:功率限额;06:允许过载跳闸次数;07:电能表常数;08:电能表编号。

f. 报警显示。当电能表自检出现故障时,显示:

E1 × × × × ×——存储器故障。

E2 × × × × ×——继电器故障。

E3 × × × × ×——时钟故障。

g. 预付费功能。使用购电卡可购电量送入电能表,电能表按设定的费率递减,当剩余电费小于设定的报警门限时,电能表跳闸,提醒用户去购电;此时插入购电卡可以恢复供电。当剩余电费小于 0 后,电能表将跳闸,直到购电后才恢复供电。

(3)三相三线电子式多功能电能表

多功能电能表采用了当今世界上最先进的电能表专用集成电路、永久保存信息的不挥发性存储器、标准 RS485 通信接口、红外通信、汉字大画面超扭曲宽温液晶显示、国际标准 IC 卡等先进技术,采用了当代 SMT 电子装配新工艺,是按 IEC 标准制造的换代型电能表。

多功能电能表实现了有功双向分时电能计量、需量计量、正弦式无功计量、功率因数计量、显示和远传实时电压、电流、功率、负载曲线等,且可按电力部门标准实现全部失压、失流、电压合格率记录、报警、显示功能,可有效地杜绝窃电行为,从而满足了对用户进行现代化科学管理的要求。

该电能表可根据用户需求安装 GPRS 模块（内置或外配）、无线模块、GSM 模块,解决远程抄表通道,以扩展其功能。

1）常用术语

①测量单元。是产生与被计量的电能量成正比例输出的电能表部件。

②数据处理单元。是对输入信息进行数据处理的电能表部件。

③多功能电能表。是由测量单元和数据处理单元等组成,除计量有功（无功）电能外,还具有分时、测量需量等两种以上功能,并能显示、储存和输出数据的电能表。

④显示器。是显示存储器内容的装置。

⑤需量周期。测量平均功率的连续相等的时间间隔。

⑥最大需量。在指定的时间区间内,需量周期中测得的平均功率最大值。

⑦滑差（窗）时间。依次递推来测量最大需量的小于需量周期的时间间隔。

⑧额定最大脉冲频率。多功能电能表在参比电压、参比频率、额定最大电流及 $\cos \phi = 1.0$ 条件下,单位时间发出的脉冲数。

⑨常数。表示多功能电能表计量到的电量与其相应的输出值之间关系的数。如输出值是脉冲数,则常数以 $imp/(kw \cdot h)[imp/(kvar \cdot h)]$ 或 $imp /w \cdot h[imp /(var \cdot h)]$ 表示。

2）工作原理

A,B,C 三相电压、电流信号经电能表采样电路和功率计量处理器变换成相应的数字信息后,传送给数据处理中心,并通过程序处理求出各相电压、电流、功率、电量、需量、功率因数等各项参数;同时识别各相电压、电流有无异常并记录相应的失压、失流状态。工作原理如图 2-70 所示。

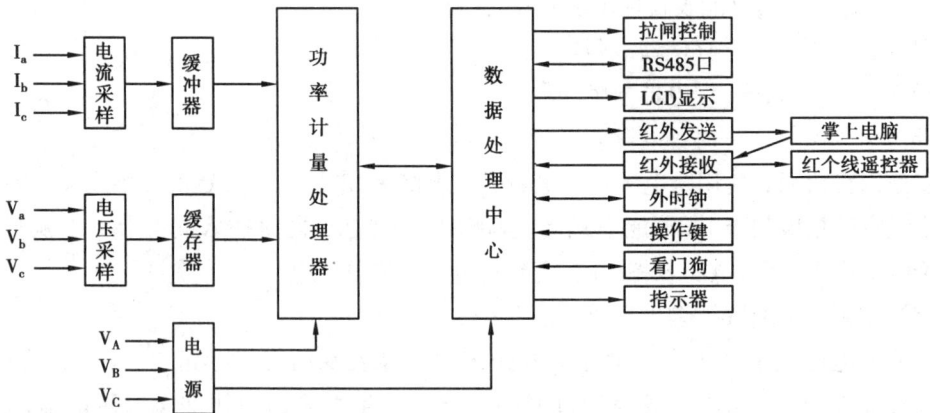

图 2-70　三相三线电子式多功能电能表工作原理框图

3）主要性能

①电能表的线路设计和元器件的选择以较大的环境允许误差为依据,因此可保证整机长期稳定工作;精度基本不受频率、温度、电压变化影响;整机体积小,重量轻,密封性能好,可靠性较其他同类产品有明显提高。

②当电网停电后,锂电池作为后备电源,提供停电后表内电量的显示读取,并保证内部数据不丢失,日历、时钟、时段程序控制功能正常运行,来电后自动投入运行。在电能表端钮盒上设置有光电耦合脉冲输出接口,以便于进行误差测试和数据采集。

③电能表运行信息可由手持电脑、RS485 接口、国际标准 IC 卡 3 种媒介传输,电力部门可根据本地区具体情况自行选择 1 种或多种传输方式。

④为方便用户现场更换电能表,使用表中特有的复印功能,可以方便地将被更换表的所有信息复印至更换后的电能表上,安全可靠,简化了用户更换电能表的工作程序,提高了工作效率。

⑤电能表适用于环境温度为 −25 ~ 60 ℃,相对湿度不超过 85% 的地区。

4)规格和主要技术参数

①规格见表 2-47。

表 2-47　多功能电能表规格表

精度	额定电压/V	额定电流/A
有功 0.5S/1.0 无功 2.0	3 × 100 3 × 380	0.3(1.2),1.5(6), 3(6),5(20),10(40), 20(80),30(100)

②主要技术参数。

时钟误差:±0.5 s/d。

功耗:LCD 显示,电压线路≤1.2 W,6 V·A,电流线路≤1 V·A。

电源工作电压范围:(+20% ~ −30%)U_e。

后备电源采用双锂电池:3.6 V,1.2 Ah,可保持数据 5 年以上。

电池工作寿命:≥10 年。

准确度等级:有功 0.5 S/1.0 级,无功 2.0 级。

启动电流:≤0.1% I_b(0.5S 级),≤0.2% I_b(1.0 级)。

潜动:具有逻辑防潜动电路。

费率时段:费率时间可分区、分段,时段设置后节假日可自动识别切换。

5)主要功能

①计量功能。

A. 电能计量。

a. 记录、显示当前、上月及上上月的正反向有功、无功累计总电量。

b. 记录、显示当前、上月及上上月的正反向有功尖电量、峰电量、平电量、谷电量及用户要求的更多费率电量。

c. 可分别记录、显示任意两象限无功电量绝对值之和。

d. 可分别记录、显示当前、上月及上上月的 A 相、B 相、C 相正反向有功累计总电量。

e. 电量计量值为 6 位整数,两位小数,单位为 kW·h,kvar·h。

B. 需量计量。

a. 记录、显示本月、上月及上上月总的正反向有功、视在总最大需量及该需量出现的日期、时间。

b. 记录本月、上月及上上月尖、峰、平、谷各时段的有功最大需量或用户提出的更多费率需量及该需量的出现日期、时间。

c. 随机显示当前需量,真实反映当前负载状况。

d. 电能表运行到预置抄表日零点(可设为 0—23 点),最大需量自动抄表后清零,也可由授权人手动抄表后清零。

e. 需量计量值为两位整数,4 位小数,单位为 kW,kV·A。

C. 电压、电流、功率计量。

a. 实时显示 A,B,C 三相电压、电流值。

b. 实时显示总,A,B,C 相有功、无功功率值。

c. 可记录 36 d(整点记录,时间间隔可设为 1 ~ 100 min)负载曲线(A,B,C 相电压、电流和有功总功率),也可按用户要求增加记录天数。

D. 功率因数计量。

a. 记录、显示本月、上月及上上月的平均功率因数值。

b. 随机显示当前 15 min 的功率因数值。

②失压、失流报警、显示、记录功能

a. 当电流 $I \geq 5\% I_b$ 时,三相电压中任意一相(两相)失压或低于额定电压的 78% ±2 V时,电能表判定为故障失压,电能表声光报警、显示故障相别、该相失压累计时间(单位:h),连续失压超过 1 min,启动内部失压记录程序,记录本次失压相别、失压累计时间、失压累积次数及故障期间失压相的安培小时数与额定电压乘积所得电量;当失压电压恢复到额定电压的 85% ±2 V 时撤除失压报警,恢复正常显示和计量。

当三相电压失压时,电能表无显示,此时若电能表有电流信号且 $I > 10\% I_b$ 时,电能表判定为故障失压,电能表记录本次失压相别、失压累计时间、失压累积次数;当电压恢复时可以显示以上记录。

b. 失流。当 DSSD22 型三相三线电能表同时满足:

实际电流不平衡率 =〔(最大相电流 - 最小相电流)/最大相电流〕×100% ≥不平衡电流设定比值(用 bph 表示)

电流低限 =(任意相电流/I_n)×100% ≥设定比值(用 dLd 表示)

式中 I_n——互感器二次额定电流。

以上两条件满足时,电能表失流报警,同时记录失流次数、时间、故障电量等。当 bph 设置为 100% 时,不对失流进行考核。

③电压越限报警、显示、记录功能。

可按月记录电能表总运行时间以及 A 相、B 相、C 相电压超越上限和下限时间。超限时电能表会声光报警。

④超负载报警功能。

该电能表具有预置超负载报警功能。当电能表超过预置负载值5 min后,电能表声光报警,提示用户尽快降负载。

⑤电网参数记录功能。

电力部门可根据用户的用电情况,将用户的用电负载连续记录下来,画出负载曲线,以便于更合理地进行用电管理。由授权人设置月电网参数记录间隔时间(间隔时间可设定为1～100 min)后,表计将自动对三相平均电压、电流和功率整点记录。当时间间隔设定为60 min时,记录时间为36 d,间隔时间设定30 min时,记录时间为18 d,依此类推,最小间隔时间为1 min;也可按用户要求增加记录天数。

⑥事件记录功能。

记录最近一次清零、最大需量清零、编程、最近5次失压事件出现和恢复时间及最大需量清零次数和编程次数;也可按用户要求增加记录次数。

⑦远方编程、抄表功能。

根据用户需要,电力部门可利用电能表中标准RS485接口和6路脉冲输出接口,通过负控端、市话网、移动通信网以及其他传输形式,组成远方抄表管理系统,实现电力部门营业抄表、负载监控等远动控制、接口通信协议和数据结构符合DL/T645—1997《多功能电能表通信规约》、DL535—93《电力负荷控制系统数据传输规约》(适用加装GPRS通信模块)标准;也可按用户要求制作其他形式的通信规约。

⑧停电抄表功能。

在电网停电的情况下,按动#3按键使液晶显示,即可实现停电抄表,也可按用户要求实现无接触式红外唤醒抄表。

⑨复印功能。

该电能表具有独特设计的复印功能,轮换表时可用复印卡将旧表上所有的信息转换至新表上,方便电能表的编程和轮换。

⑩远方控制功能(仅适用于GPRS通信模块电能表)。

该电能表通过GPRS移动通信网可对用户用电情况实施全天候的监测,当发现电能表任何不正常情况时,立即在系统界面上显示该电能表异常信息,促使供电部门进行检查,甚至输出两路控制信号实施远方控制报警、拉闸、断电等操作。

6)显示功能

①全屏显示画面如图2-71所示。

图2-71　全屏显示画面

②代码说明见表2-48。

表2-48　代码说明

内容	第一位	第二位	第三位		第四位
0	有功电量	总	有功正向	无功象限1	总
1	无功电量	A相	有功反向	无功象限2	尖
2	需量	B相	视在	无功象限3	峰
3	需量时间	C相		无功象限4	平
4	实时数据			无功象限1+2	谷
5	越限记录			无功象限1+3	
6	失压失流			无功象限1+4	
7	其他			无功象限2+3	
8	参数			无功象限2+4	
9	时段			无功象限3+4	

③按键与显示内容的对应关系见表2-49。

表2-49　按键与显示内容的对应关系

按键	第1位代码	显示量类型
#1	0	有功电量 (本、上月、上上月)(正、反向;各费率及A,B,C相)
	1	无功电量 (本、上月、上上月)(象限1,2,3,4,1+2,1+3,1+4,2+3,2+4,3+4)
	2	最大需量 (本、上月、上上月)(有功正、反向及各费率、视在总)
	3	最大需量出现时间 (本、上月、上上月)(有功正、反向及各费率、视在总)
	4	总/A相/B相/C相实时有功、无功功率,电压、电流、当前功率 因数
	5	电压越限记录(本、上月、上上月) (总运行时间;越上限、越下限、总越限时间(A/B/C))
	6	失压、失流记录 (总/A相/B相/C相、起始时间、累计次数、累计时间、累计电量)
	7	其他
	8	时钟、表号、用户号、设备号、通信表地址
		回到循环显示状态
#2		第2位代码加1

按键	第 1 位代码	显示量类型
#3		后 3 位代码加 1
#4		预置参数显示(全部显示完后回到循环显示状态)

注:#1——主菜单键,#2——子菜单键,#3——项目显示键,#4——参数显示键。

7)电能表使用方法

①电能表显示。

a.循环显示。

电能表通电,或无按键操作 3 min 后,显示屏每隔 5 s(可设为 5 ~ 20 s)自动循环显示。

b.按键操作说明。

#1 按键(主菜单键)用于切换显示数据的类型,依次在有功电量、无功电量、需量、需量时间、实时数据、电压越限记录、失压、失流、时钟和循环显示状态间切换。每按动一次,第一位代码加 1。

#2 按键(子菜单键)用于在#1 按键选定的显示数据类型中,进一步选择显示类型。每按动一次,第二位代码加 1。

#3 按键(项目显示键)用于在#1,#2 按键选定的显示数据类型中,依次显示该项目中各个显示量。每按动一次,后 3 位代码加 1。

#4 按键(预置参数显示键)用于依次显示电能表预先设定的各个参数。预置参数显示全部显示完后,回到循环显示状态。

按下任意键,液晶上显示按键符号,指示当前处于按键显示状态。当状态回到循环显示状态后,按键符号自动消失。

②参数设置。

用户可以通过 RS485、红外通信口或编程 IC 卡对电能表的参数进行预置,但必须通过参数编程键硬件开锁(按住参数编程键 5 s,出现一笛声报警,LCD 显示钥匙出现,开锁成功)后方可进行。在通过 RS485 或红外设置电能表通信地址时,需按住#2 按键进行。电能表预置参数见表 2-50。

表 2-50　电能表预置参数

序号	内容	单位	范围
1	需量滑差时间	min	1 ~ 15
2	循环显示间隔时间	s	5 ~ 20
3	抄表日	日、时	≥29 日手动抄表
4	负载记录间隔时间	min	1 ~ 100
5	电压上限	0.1 V	120% V_e(默认)

续表

序号	内容	单位	范围
6	电压下限	0.1 V	80% V_e(默认)
7	电流不平衡率	%	1~100
8	电流低限	%	0~99
9	表号		6 字节
10	用户号		6 字节
11	设备号		6 字节
12	通信表地址		6 字节
13	波特率	bit/s	600~9 600
14	功能方式		00/02
15	超负载限制	0.1 W	0~99.99 kW 0:不限制
16	通信费率顺序	0/1	0(总峰平谷)尖 1(总尖峰平谷)
17	时区 1(总共 N_1 个时段)		$N_1 \leqslant 10$
18	时区 2(总共 N_2 个时段)		$N_2 \leqslant 10$

③最大需量清零。

当抄表日在 1~28 日之间时,电能表自动在设定的结算日整点运行信息抄表保存,然后清零当月最大需量。抄表日出厂默认值为月初零点。若抄表日不在此范围内,用户则可以通过 RS485、红外通信或功能 IC 卡,对电能表进行最大需量清零。此操作每月仅允许进行一次。

④故障报警显示

电能表在运行中自动进行电池失压、线路失压、失流、电压越限、超负载和逆相序故障检测,故障声光报警。液晶提示画面如图 2-72 所示,错误代码含义见表 2-51。

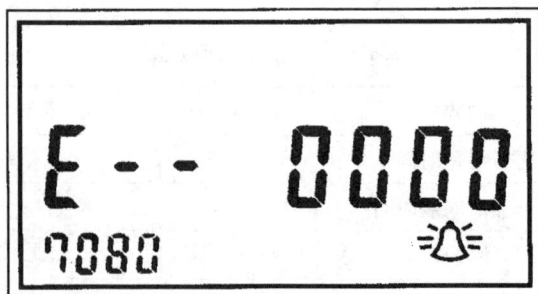

图 2-72 液晶提示画面图

表 2-51 错误代码含义表

序号	错误代码	故障信息
0	E—0000	工作正常
1	E—0001	电池欠压
2	E—0002	失压、失流
3	E—0003	电压越限
4	E—0004	超负载
5	E—0005	逆相序

五、操作步骤

①线路原理图测绘及讲解。
②列出原件清单。
③领取元器件、材料。
④相关知识介绍。
⑤安装图测绘。
⑥元件安装、线路连接。
⑦通电试车。
⑧故障分析及排除。
⑨清理工具、工程垃圾，收集剩余材料。

六、实训结果记录与评价

①各小组派代表上台总结完成任务的过程中,掌握了哪些技能技巧,发现错误后如何改正,并展示已接好的电路,通电试验效果。
负载通断情况:
电子式电能表情况:
其他小组提出的改进建议:
②学生自我评估与总结。
③小组评估与总结。
工作任务评价表见附表一。

七、任务巩固与提高

工作任务计划(决策)

根据控制要求设计一个电路原理图,控制要求:

①电路中有单相、三相负载,其用电量由电子式单相、三相电能表来监测。

②线路有短路带漏电保护的空气断路器作为电源总开关。

③用 3 个白炽灯作星形接法为三相负载,单相负载有 1 个白炽灯负载。

八、技能拓展

①被测量电路电流大于电能表的最大电流应该怎样测量电路中的有功功率?

②如果要实现智能抄表,构建一个智能电网要如何去做?

任务十四　三相有功功率的测量

一、任务描述

三相有功功率的测量,可以用单相功率表,也可以用三相功率表,本任务主要训练使用单相功率表测量三相有功功率。

二、课时安排

12 课时。

三、学习目标

①练习单相有功功率表的使用。

②能使用单相有功功率,应用不同的方法,测量三相有功功率。

四、工作准备

（一）工具、设备、器材、资料的准备

1.工具、设备的准备

为完成工作任务,每个工作小组需要向仓库工作人员提供借用工具、设备清单,见表2-52。

表2-52　借用工具、设备清单

序号	名称	数量	借出时间	学生签名	归还时间	学生签名	管理员
1	单相功率表	1					
2	万用表	1					
3	验电笔	1					
4	钢丝钳	1					
5	尖嘴钳	1					
6	断线钳	1					
7	剥线钳	1					
8	螺丝刀	1					
9	电工刀	1					
10	斜口钳	1					

2.材料的准备

为完成工作任务,每个工作小组需要向仓库工作人员提供借用材料清单,见表2-53。

表2-53　借用材料清单

序号	名称	数量	借出时间	学生签名	归还时间	学生签名	管理员
1	单相开关	1					
2	三相刀开关	1					
3	220 V,100 W灯泡	9					
4	40 W日光灯镇流器	3					
5	电流互感器	3					

3.资料的准备

为完成工作任务,每个工作小组需要向仓库工作人员提供借用资料清单,见表2-54。

表 2-54　借用资料清单

序号	名称	数量	借出时间	学生签名	归还时间	学生签名	管理员
1	图纸	1					
2	说明书	1					
3	维修记录	1					
4	电业安全操作规程	1					
5	电工手册	1					
6	电气安装施工规范	1					

（二）相关理论知识的准备

1. 一表法测量三相有功功率

适用范围：测量三相对称负载的有功功率。

测量结果：按一表法接线，则三相总功率 $P=3P_1$。

由于三相负载对称，只要用一只功率表测量三相中任意一相的功率 P_1，则三相总功率就是 $P=3P_1$，接线方式如图 2-73（a）所示。在图 2-73（a）和图 2-73（b）中，功率表的读数都是单相负载的功率。当Y连接负载的中性点不能引出，或△连接负载的一相不能断开接线时，则可采用如图 2-73（c）所示的人工中点法将功率表接入。两个附加电阻 R_N 应与功率表电压支路的总电阻相等，从而使人工中点 N 的电位为零。

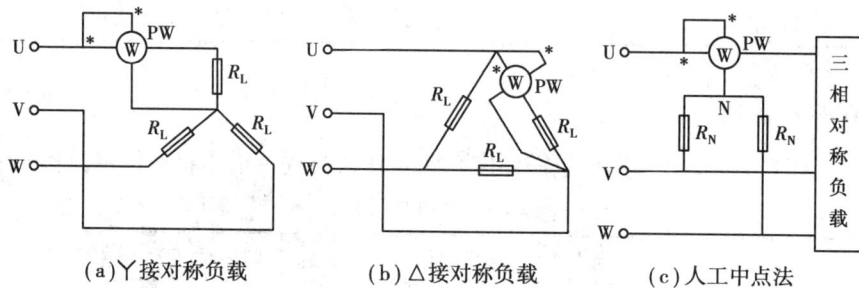

（a）Y接对称负载　　　（b）△接对称负载　　　（c）人工中点法

图 2-73　一表法测量三相对称负载功率

2. 两表法测量三相有功功率

适用范围：对于三相三线制电路，不论负载是否对称，也不论负载是Y连接还是△连接，都能用两表法来测量三相负载的有功功率。

测量结果：按两表法接线，三相总功率 $P=P_1+P_2$。

根据上式可得到两表法的接线规则：

①两只功率表的电流线圈分别串联在任意两相线上（如分别串接在 U,V 相线上），使通过线圈的电流为线电流，电流线圈的发电机端必须接到电源一侧。

②两只功率表电压线圈的发电机端应分别接到该表电流线圈所在的相线上，另一端则

共同接到没有接功率表电流线圈的第三相上,如图 2-74 所示。

3. 三表法测量三相有功功率

适用范围:测量三相四线制不对称负载的有功功率。

测量结果:按三表法接线,三相总功率 $P = P_1 + P_2 + P_3$。

用 3 只单相功率表分别测出每一相负载的功率,则三相总功率 $P = P_1 + P_2 + P_3$,接线方式如图 2-75 所示。

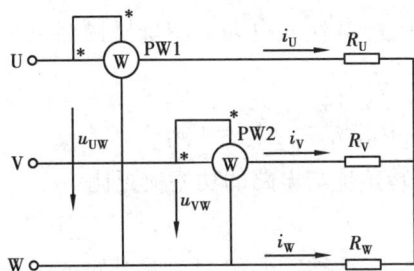

图 2-74　两表法测量三相三线制负载功率

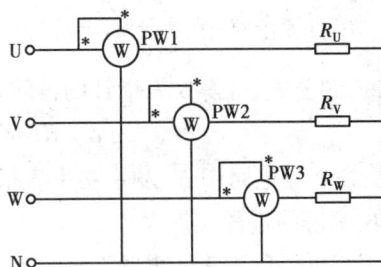

图 2-75　三表法测量三相
四线制不对称负载功率

4. 电动系功率表

(1)电动系功率表的结构和工作原理

电动系功率表由电动系测量机构和分压电阻构成,其原理电路如图 2-76(a)所示。它把匝数少、导线粗的固定线圈与负载串联,从而使通过固定线圈的电流等于负载电流,因此固定线圈又叫功率表的电流线圈;而把匝数多、导线细的可动线圈与分压电阻 R_V 串联后再与负载并联,从而使加在该支路两端的电压等于负载电压,因此可动线圈又称为功率表的电压线圈。电动系功率表的符号如图 2-76(b)所示。

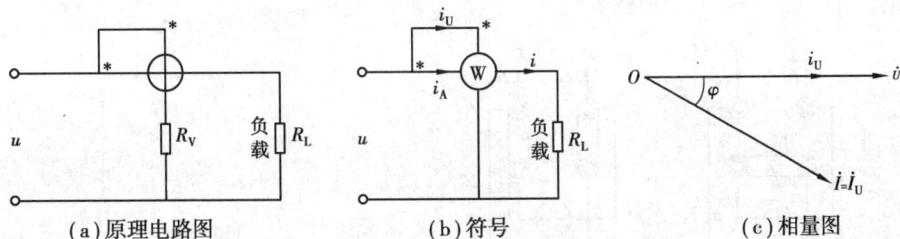

(a)原理电路图　　　　　(b)符号　　　　　(c)相量图

图 2-76　电动系功率表

在交流电路中,如果忽略可动线圈的感抗(与分压电阻 R_V 相比太小),则电压线圈支路可视为纯电阻电路。只要分压电阻不变,则其中的电流 I_U 与负载两端电压同相位,并且

$$I_U = \frac{U}{R} \approx \frac{U}{R_V} = K_1 U$$

式中　R——电压线圈支路的总电阻。

实际生产中的负载多为感性,则负载电压 U 比负载电流 I 超前 φ 角。从如图 2-76(c)所示的相量图可以看出,电流 I 与 I_U 之间的相位差正好等于 φ,故通过电流线圈的电流 I_A 与负

载电流 I 相等,即 $I_A = I$。将它代入测量交流电时电动系测量机构指针偏转角的关系公式,可得功率表的指针偏转角为

$$\alpha = KI_A I_U \cos\varphi = KI_A(K_1 I_U)\cos\varphi = K_P IU\cos\varphi = K_P P$$

式中　$K_P = KK_1$。

上式说明,在交流电路中,电动系功率表指针的偏转角与电路的有功功率成正比。上式还表明,作为功率表的电动系仪表,标度尺的刻度是均匀的。

同理,在直流电路中,由于 $I_A = I$,$I_U = \dfrac{U}{R} = K_1 U$,将其代入电动系测量机构测量直流电时指针偏转角的公式,可得仪表指针的偏转角

$$\alpha = KI(K_1 U) = K_P IU = K_P P$$

可见,在直流电路中,电动系功率表指针的偏转角也与电路的功率成正比。

(2)功率表的量程及扩大

实际应用时,为了满足测量不同大小功率的要求,往往需要扩大功率表的量程。功率表的功率量程主要由电流量程和电压量程来决定。因此,功率量程的扩大也就要通过电流量程和电压量程的扩大来实现。

1)电流量程的扩大

前面曾介绍过,电动系仪表的电流线圈是由完全相同的两段线圈组成的,这样,就可以利用金属连接片将这两段线圈串联或并联,从而达到改变功率表电流量程的目的。当金属片如图 2-77(a)连接时,两段线圈串联,电流量程为 I_N;当金属片按图 2-77(b)连接时,两段线圈并联,电流量程扩大为 $2I_N$。可见,电动系功率表的电流量程是可以成倍改变的。

2)电压量程的扩大

扩大功率表电压量程是利用与电压线圈串联不同阻值分压电阻的方法来实现的,如图 2-78 所示。

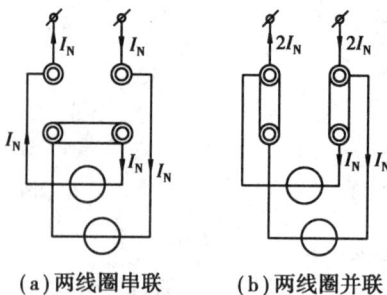

(a)两线圈串联　　(b)两线圈并联

图 2-77　用连接片改变功率表的电流量程　　　　图 2-78　功率表电压量程的扩大

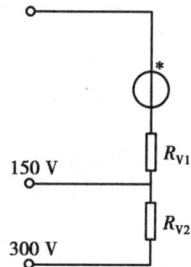

实际上,只要在功率表中选定不同的电流量程和电压量程,功率量程也就随之确定了。例如,D19-W 型功率表的电流量程为 5/10 A,电压量程为 150/300 V,其功率量程有:

$P_1 = 5 \times 150 = 750$ W

$P_2 = 10 \times 150 = 1\,500$ W　　或 $P_2' = 5 \times 300 = 1\,500$ W

$P_3 = 10 \times 300 = 3\,000$ W

这里的功率是指负载的功率因数 $\cos \varphi = 1$ 时的情况。而感性或容性负载的 $\cos \varphi < 1$，因此，上述量程是指最大功率量程。

5. 功率表的正确使用

电动系功率表的型号较多，但使用方法基本相同。下面以如图 2-79 所示的 D26-W 型便携式单相功率表为例，说明其使用方法。该功率表具有 150 V，300 V 和 600 V 3 个电压量程，2.5 A 和 5 A 两个电流量程通过连接片进行改变。

（1）正确选择量程

功率表有 3 种量程：电流量程、电压量程和功率量程。

功率表的电流量程是指仪表的串联回路所容许通过的最大工作电流；电压量程是指仪表的并联回路所能承受的最高工作电压。功率量程实质上是由电流量程和电压量程来决定的，它等于两者的乘积，即 $P = UI$，它相当于负载功率因数 $\cos \varphi = 1$ 时的功率值。

选择时，要使功率表的电流量程略大于被测电流，电压量程略高于被测电压。

在实际测量中，由于负载的 $\cos \varphi < 1$，因此，只观察被测功率是否超过仪表的功率量程，显然是不够的。例如，在 $\cos \varphi < 1$ 时，功率表的指针虽然未指到满刻度值，但被测电流或电压可能

图 2-79　D26-W 型便携式单相功率表

已超出了功率表的电流量程或电压量程，结果可能造成功率表被损坏。负载的 $\cos \varphi$ 越小，仪表损坏情况可能越严重。因此，在选择功率表的量程时，不仅要注意其功率量程是否足够，还要注意仪表的电流量程以及电压量程是否与被测功率的电流和电压相适应。

因此，在使用功率表时，不仅要注意使被测功率不超过仪表的功率量程，通常还要用电流表、电压表去监视被测电路的电流和电压，使之不超过功率表的电流量程和电压量程，以确保仪表安全可靠地运行。

例 1　有一感性负载，额定功率为 400 W，额定电压为 220 V，$\cos \varphi = 0.75$。现要用功率表去测量它实际消耗的功率，试选择所用功率表的量程。

解：因为负载额定电压为 220 V，应选功率表电压量程为 300 V。

负载额定电流为 $I = \dfrac{P}{U \cos \varphi} = \dfrac{40}{220 \times 0.75} = 2.42$ A

故确定选用电流量程为 2.5 A，电压量程为 300 V，功率量程为 $300 \times 2.5 = 750$ W 的功率表。

由于电动系仪表指针的偏转方向与两线圈中电流的方向有关，为防止指针反转，规定了两线圈的发电机端，用符号"∗"表示。功率表应按照"发电机端守则"进行接线。

"发电机端守则"的内容是：使电流从电流线圈的发电机端流入，电流线圈与负载串联。

保证电流电压线圈的从发电机端流入，电压线圈支路与负载并联。

按照上述原则，功率表的接线有以下两种方式：

①电压线圈前接方式如图2-80(a)所示。由于功率表电流线圈和负载直接串联,因此通过电流线圈的电流就等于负载电流。但是,由于电压线圈接在电流线圈的前面,因此功率表电压支路两端的电压就等于负载电压加上电流线圈的电压,即在功率表的读数中增加了电流线圈的功率消耗,这就产生了测量误差。显然,负载功率比电流线圈损耗的功率大得越多,测量结果也越准确。因此,电压线圈前接方式适用于负载电阻比功率表电流线圈电阻大得多的情况。

②电压线圈后接方式如图2-80(b)所示。由于电压线圈支路和负载直接并联,因此加在功率表电压线圈支路两端的电压就等于负载电压。但是,由于电流线圈接在电压线圈支路的前面,因此通过电流线圈的电流就包括了负载电流和电压线圈支路的电流,即在功率表的读数中增加了电压线圈支路的功率损耗,这也会造成测量误差。因此,电压线圈后接方式适用于负载电阻比功率表电压线圈支路电阻小得多的情况,这样才能保证功率表本身对测量结果的影响比较小。

不论采用电压线圈前接或者后接方式,其目的都是为了尽量减小测量误差,使测量结果较为准确。尽管如此,功率表的读数误差仍会由于仪表内部损耗的影响而有所增大。在一般工程测量中,被测功率要比仪表本身损耗大得多,因此,仪表内部功率损耗对测量结果的影响可以不予考虑。此时,由于功率表电流线圈的损耗通常比电压线圈支路的损耗小,因此以采用电压线圈前接方式为宜。但是,若被测功率很小时,就不能忽略仪表本身的功率损耗了。此时应根据仪表的功率损耗值对读数进行校正,或采取一定的补偿措施。

另外,为保证功率表安全可靠地运行,常将电流表、电压表与功率表联合使用,其接线如图2-80(c)所示。

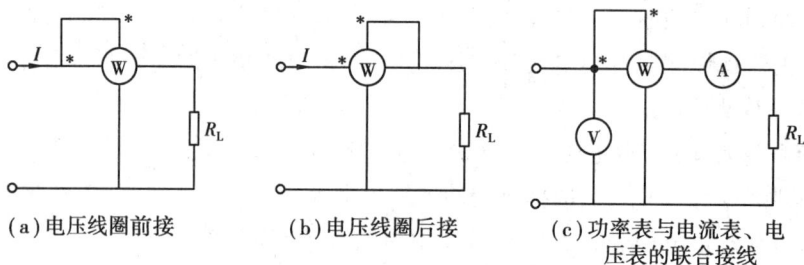

(a)电压线圈前接　　　　(b)电压线圈后接　　　　(c)功率表与电流表、电压表的联合接线

图2-80　功率表的正确接线

(2)正确读数

便携式功率表一般都有几种电流和电压量程,但标度尺只有一条,因此功率表的标度尺上只标有分格数,而不标瓦特数。当选用不同的量程时,功率表标度尺的每一分格所表示的功率值不同。通常把每一分格所表示的瓦特数称为功率表的分格常数。一般的功率表内部都附有表格,标明在不同电流、电压量程时的分格常数,以供查用。

功率表的分格常数 C 也可按下式计算:

$$C = \frac{I_N U_N}{a_m}$$

式中　U_N—— 功率表的电压量程；

　　　I_N—— 功率表的电流量程；

　　　a_m—— 功率表标度尺满刻度的格数。

求得功率表的分格常数 C 后,便可求出被测功率 $P = C\alpha$。

例 2　若选用一只功率表,它的电压量程为 300 V、电流量程为 2.5 A,标度尺满刻度格数为 150 格,用它测量某负载消耗的功率时,指针偏转 100 格。求负载消耗的功率。

解:先求功率表的分格常数　$C = \dfrac{I_N U_N}{a_m} = \dfrac{300 \times 2.5}{150} = 5$　W/格

则被测功率 $P = C\alpha = 5 \times 100 = 500$ W

安装式功率表通常都做成单量程的,其电压量程为 100 V,电流量程为 5 A,以便和电压互感器及电流互感器配套使用。为了便于读数,安装式功率表的标度尺可以按被测功率的实际值加以标注,但是必须和指定变比的仪用互感器配套使用。

6. 低功率因数功率表

(1)低功率因数功率表的用途

普通功率表的标度尺是按功率因数 $\cos \varphi = 1$ 来刻度的,即被测功率 $P = U_N I_N$ 时,仪表指针偏转至满刻度。但当用它来测量功率因数很低的负载(如空载运行的电动机、变压器)时,由于仪表的转矩和偏转角是与 $P = U_N I_N \cos \varphi$ 成正比的,因此,当 $\cos \varphi$ 很小时,仪表的转矩也很小,摩擦等引起的误差以及仪表本身的功耗都会对测量结果产生很大的影响。由此可知,用普通功率表测量低功率因数电路的功率,不仅读数困难,而且测量误差很大。因此,必须采用专门的低功率因数功率表。

(2)低功率因数功率表构造

低功率因数功率表是专门用来测量低功率因数负载功率的仪表,其工作原理与普通功率表基本相向,不同之处主要有以下几点:

①为解决在低功率因数下读数困难的问题,其标度尺应按较低的功率因数(通常取 $\cos \varphi = 0.1$ 或 0.2)来刻度,这就要求仪表有较高的灵敏度。

②为了减小摩擦,提高灵敏度,通常采用张丝支撑、光标指示结构。这样,仪表就可以在较小的转矩下工作。

③在仪表结构上采用误差补偿措施。由于功率表的读数中包括了电压回路的功率损耗而产生的误差,尤其当被测功率很小时,相对误差将会很大。为了补偿这个功率损耗,在原有电动系测量机构中,增设了一个结构、匝数和电流线圈完全相同的补偿线圈,并且绕向相反地绕在电流线圈上,使用时将补偿线圈串联在功率表的电压支路中,如图 2-81 所示。这样,通

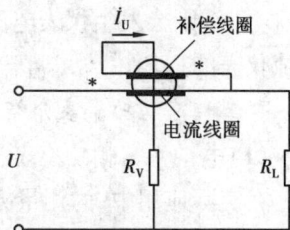

图 2-81　具有补偿线圈的低功率因数功率表

过补偿线圈的电流就是电压线圈支路的电流 I_U,由 I_U 通过补偿线圈所建立的磁势与电流线

圈中由于通过电压线圈支路的电流而产生的附加磁势大小相等、方向相反,抵消了电流线圈中因流过电压线圈支路的电流所造成的误差,从而在功率表的读数中消除了电压线圈支路功率损耗的影响。

此外,还有利用补偿电容来减小电动系功率表由于电压线圈的电感存在,而对低功率因数功率测量带来误差的低功率因数功率表,如 D34-W 型低功率因数功率表,如图 2-82 所示。图中电容器 C 并联在电压支路的附加电阻的一部分上,从而可以使原来的电感电路转变为纯电阻性电路,以达到消除误差的目的。

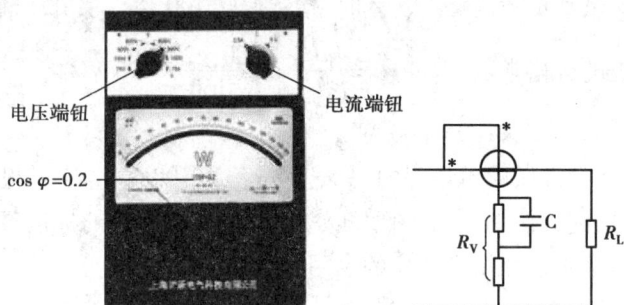

图 2-82　利用补偿电容的低功率因数功率表

（3）低功率因数功率表的使用

1）要正确接线

低功率因数功率表的接线也应遵守"发电机端守则"。对具有补偿线圈的低功率因数表,必须采用电压线圈后接的接线方式。

2）要正确读数

低功率因数功率表的分格常数 C 可计算为

$$C = \frac{I_{\mathrm{N}} U_{\mathrm{N}} \cos \varphi_{\mathrm{N}}}{a_{\mathrm{m}}}$$

式中额定功率因数 $\cos \varphi < 1$（如 0.1, 0.2, $\cdots$）。

被测功率 $P = C\alpha$

使用低功率因数功率表时,被测电路的功率因数 $\cos \varphi$ 不得大于功率表额定功率因数 $\cos \varphi_{\mathrm{N}}$。否则会发生仪表电压、电流量程并未达到额定值,而指针却已超出满刻度的情况,而造成仪表的损坏。

7. 三相有功功率表介绍

（1）电动系三相功率表

在实际应用中,为测量方便,往往采用三相功率表,它由两只单相功率表的测量机构组成,故又称为两元件三相功率表。它的工作原理与两表法完全相同,D33-W 型三相有功功率表及其接线如图 2-83 所示。在它的内部,装有两组固定线圈以及固定在同一转轴上的两个可动线圈,因此仪表的总转矩等于两个可动线圈所受转矩的代数和,能直接反映出三相功率的大小。这种功率表的接线方式与两表法接线方式也完全一样。

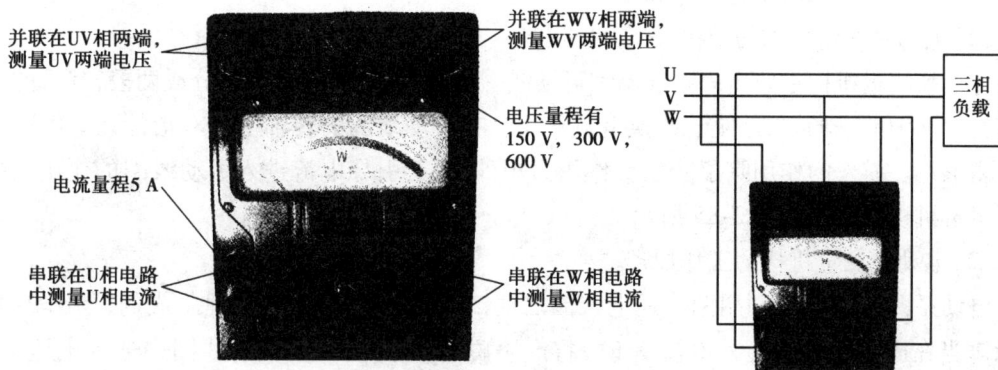

图 2-83　D33-W 型三相功率表及接线

（2）铁磁电动系三相功率表

安装式三相有功功率表通常采用铁磁电动系测量机构，并做成两元件，如图 2-84（a）所示，其工作原理与两表法原理一样。它由两套结构完全相同的元件构成，其中右侧元件由固定线圈 A_1、可动线圈 D_1 构成，E 形铁芯 1 和弓形铁芯 2 构成其磁路部分，R_1，R_2 串联后成为可动线圈的分压电阻，C_1 为补偿电容，用来补偿由于电压线圈的电感以及铁芯损耗所引起的误差。左侧元件在结构上与右侧元件完全相同，但为了减少外磁场的影响，固定线圈 A_2 的绕向应与 A_1 的绕向相反。另外，电压支路分压电阻的接法与一般电动系功率表不同，它们靠近电压支路的发电机端，若以 R_v 表示 R_1，R_2 和 R_3，R_4，其测量电路如图 2-84（b）所示。这样接线的好处是两个可动线圈的一端直接接到公共 V 相上，它们之间的电位差很小，绝缘要求低，便于制造。这种接法虽然使可动线圈与固定线圈之间存在较高的电位差，但是，利用铁芯与公共相 V 直接连接后的屏蔽作用，可以使静电影响得到消除。

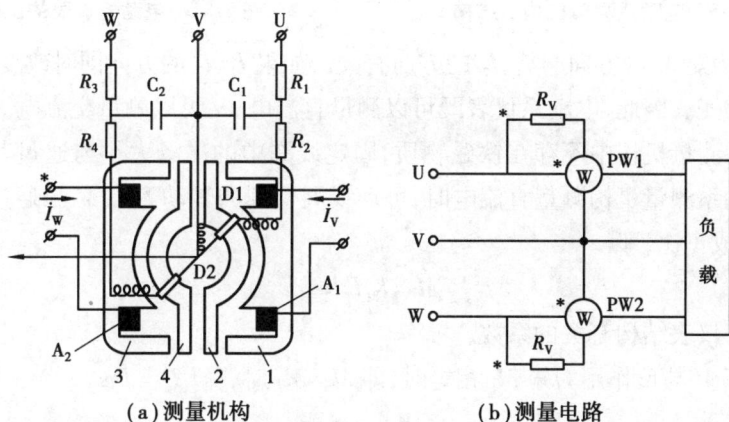

（a）测量机构　　　（b）测量电路

图 2-84　铁磁电动系三相功率表的结构及接线

除电动系功率表和铁磁电动系功率表外，近年发展很快的还有变换器式功率表和数字式功率表。

8. 电动系功率表的结构和原理

(1) 电动系测量机构的结构

电动系测量机构主要由固定线圈和可动线圈组成,固定线圈一般都分成两段,其目的一是获得较均匀的磁场,二是便于改换电流量程。在可动线圈的转轴上装有指针和空气阻尼器的阻尼片。游丝的作用除了产生反作用力矩外,还起引导电流进入可动线圈的作用。电动系测量机构的结构如图 2-85 所示。

(2) 电动系测量机构的工作原理

电动系测量机构是利用两个通电线圈之间产生电动力作用的原理制成的,如图 2-86 所示。当在固定线圈中通入电流 I_1 时,将产生磁场 B_1。同时在可动线圈中通入电流 I_2,可动线圈中的电流就受到固定线圈磁场的作用力,产生转动力矩,从而推动可动部分发生偏转,直到与游丝产生的反作用力矩相平衡为止,指针停在某一位置,指示出被测量的大小。

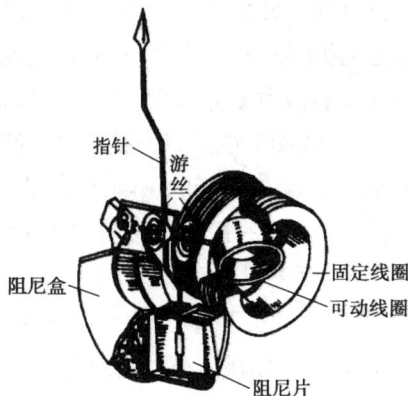

图 2-85　电动系测量机构的结构

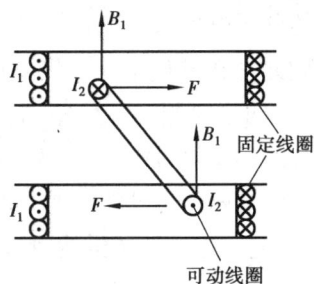

图 2-86　电动系仪表的工作原理

显然,转动力矩 M 的方向与 I_1,I_2 的方向有关。如果 I_1,I_2 的方向同时改变,转动力矩 M 的方向将不会改变。因此,电动系仪表既可以测量直流电,又可以测量交流电。

由于电动系测量机构中不存在铁磁物质,固定线圈中的磁场大小与通过其中的电流 I_1 成正比。用电动系测量机构测量直流电时,可动线圈受到的转动力矩 M 与通过两线圈的电流 I_1,I_2 的乘积成正比,即

$$M = K_1 I_1 I_2$$

式中　K_1 ——与仪表结构有关的系数。

当转动力矩 M 与反作用力矩 M_f 相等时,即 $M = M_f$ 时,$K_1 I_1 I_2 = D\alpha$

仪表指针的偏转角 α 为　　　　　$A = \dfrac{K_1}{D} = K I_1 I_2$

式中　$\dfrac{K_1}{D}$ ——个系数;

　　　D ——游丝的反作用系数。

上式说明,电动系测量机构测量直流时,指针的偏转角 α 与两线圈中电流的乘积成正比。

当使用电动系测量机构测量交流电时,可以证明,其转动力矩的平均值为

$$M_p = K_1 I_1 I_2 \cos \phi$$

根据力矩平衡条件

$$M_f = M_p$$

$$D\alpha = K_1 I_1 I_2 \cos \phi$$

$$\alpha = \frac{K_1}{D} I_1 I_2 \cos \phi = K I_1 I_2 \cos \phi$$

上式说明,电动系测量机构测量交流电时,仪表指针的偏转角 α 不仅与通过两个线圈电流的有效值 I_1, I_2 有关,而且还与两电流相位差的余弦 $\cos \phi$ 有关。

（3）电动系仪表的特点

电动系仪表的特点见表 2-55。

表 2-55   电动系仪表的特点

	特点	原因
优点	准确度高	这种电动系仪表内部没有铁磁物质,不存在磁滞误差,故较电磁系仪表的准确度高,可达 0.1 级
	交直流两用,并且能测量非正弦电流的有效值	通过两个线圈的电流如同时改变方向时,其转动力矩方向不变
	能构成多种仪表,测量多种参数	如将测量机构中的固定线圈和可动线圈串联起来,由于此时 $I_1 = I_2 = I$,$\phi = 0$,故有 $\alpha = K I^2$ 在标度尺上按电流刻度,就得到电动系电流表。如将固定线圈和可动线圈与分压电阻串联,当分压电阻一定时,$\alpha = K U^2$,然后在标度尺上按电压刻度,就组成电动系电压表。另外,还能组成电动系功率表、电动系相位表等
	电动系功率表的标度尺刻度均匀	这是因为电动系功率表指针的偏转角与被测功率成正比的缘故
缺点	仪表读数易受外磁场的影响	是因为仪表中固定线圈所产生的工作磁场很弱的缘故,为了消除外磁场的影响,线圈系统通常都采用磁屏蔽罩或无定位结构,也可直接采用铁磁电动系测量机构
	本身消耗功率大	由于仪表内的磁场完全由通过线圈的电流产生

续表

	特点	原因
缺点	过载能力小	由于通过可动线圈的电流要经过游丝导入,如果电流太大,游丝易失去弹性,可动线圈也易被烧断
	电动系电流表、电压表的标度尺刻度不均匀	由于电动系电流表、电压表的指针偏转角与被测电流或电压的平方成正比,因此,电动系电流表、电压表的标度尺刻度具有平方律的特性  电动系电流表的刻度不均匀

9.三相有功功率的测量

三相有功功率的测量,可以用单相功率表,也可以用三相功率表。本任务主要使用单相功率表测量三相有功功率。

五、操作步骤

1.安装图测绘。

2.元件安装、线路连接。

3.通电试车。

4.故障分析及排除。

5.清理工具、工程垃圾,收集剩余材料。

六、实训结果记录与评价

工作任务评价表见附表一。

七、任务巩固与提高

①电动系仪表在结构上与电磁系仪表有什么不同? 为什么电动系仪表的准确度比电磁系仪表高?

②电动系功率表的标度尺与电动系电流表的标度尺有什么不同? 为什么?

③比较电动系和铁磁电动系测量机构的主要特点及应用范围。

④怎样扩大功率表的功率量程？

⑤测量功率时,除了要用功率表外,为什么还要同时用电流表和电压表？

⑥有一单相感性负载,有功功率为 99 W,电流为 0.9 A,$\cos\varphi = 0.5$,用量程为 1/2 A,150/300 V 的 D19-W 型功率表测量该负载功率,请问应怎样选择其量程？ 如果功率表的标度尺分格数为 150 格,选用上述量程时,指针指示为 50 格,求负载实际消耗的功率为多少？

⑦画出"功率表电压线圈前接"和"功率表电压线圈后接"的接线图,并说明其适用范围。

任务十五　三相无功功率的测量

一、任务描述

三相有功功率的测量,可以用单相功率表,也可以用三相功率表。主要讨论用单相功率表来测量三相有功功率的方法。

二、课时安排

12 课时。

三、学习目标

①练习单相及三相功率表的使用。

②能使用单相功率表、三相功率表,应用不同的方法,测量三相无功功率。

四、工作准备

（一）工具、设备、器材、资料的准备

1.工具、设备的准备

为完成工作任务,每个工作小组需要向仓库工作人员提供借用工具、设备清单,见表2-56。

表 2-56　借用工具、设备清单

序号	名　称	数量	借出时间	学生签名	归还时间	学生签名	管理员
1	单相功率表	1					
2	万用表	1					
3	验电笔	1					
4	钢丝钳	1					
5	尖嘴钳	1					
6	断线钳	1					
7	剥线钳	1					
8	螺丝刀	1					
9	电工刀	1					
10	斜口钳	1					

2. 材料的准备

为完成工作任务,每个工作小组需要向仓库工作人员提供借用材料清单,见表 2-57。

表 2-57　借用材料清单

序号	名　称	数量	借出时间	学生签名	归还时间	学生签名	管理员
1	单相开关	1					
2	三相刀开关	1					
3	220 V,100 W 灯泡	9					
4	40 W 日光灯镇流器	3					
5	电流互感器	3					

3. 资料的准备

为完成工作任务,每个工作小组需要向仓库工作人员提供借用资料清单,见表 2-58。

表 2-58　借用资料清单

序号	名　称	数量	借出时间	学生签名	归还时间	学生签名	管理员
1	图纸	1					
2	说明书	1					
3	维修记录	1					
4	电业安全操作规程	1					
5	电工手册	1					
6	电气安装施工规范	1					

（二）相关理论知识的准备

有功功率表不仅能测量有功功率,如果适当改换它的接线方式,还能用来测量无功功率。

1.一表跨相法测量三相无功功率

适用范围:三相电路完全对称的情况。

测量结果:按一表跨相法接线,将该功率表的读数乘以$\sqrt{3}$倍,即得三相无功功率。

已知单相无功功率 $Q = UI\sin\varphi = Ul\cos(90° - \varphi)$

上式说明,如果设法使加在电压线圈支路上的电压 U 与通过电流线圈的电流 I 之间的相位差等于$(90° - \varphi)$,那么,功率表就能够用来测量无功功率了。

由如图 2-87(b)所示的三相对称负载相量图可以看出,当三相电路完全对称时,线电压 U_{VW} 与电流 I_U 之间存在$(90° - \varphi)$的相位差。因此,只要按照如图 2-87(a)所示的接线方式进行接线,则功率表的读数就是

$$Q_1 = U_{VW}I_U\cos(90° - \varphi) = UI\sin\varphi$$

只要把 Q_1 乘以$\sqrt{3}$,即可得到三相无功功率 $Q = \sqrt{3}Q_1 = \sqrt{3}UI\sin\varphi$

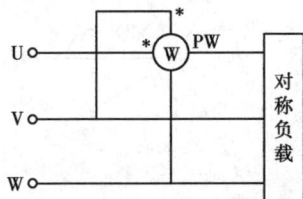

（a）接线图

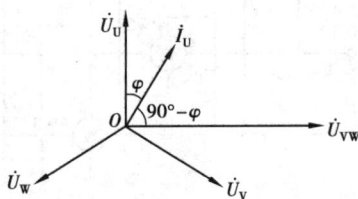

（b）相量图

图 2-87　一表跨相法的测量电路和相量图

2.两表跨相法测量三相无功功率

适用范围:适用于三相电路对称的情况。但是,由于供电系统电源电压不对称的情况是难免的,而两表跨相法在此情况下测量的误差较小,因此此法仍然适用。

测量结果:按两表跨相法接线,将两表读数之和乘以$\sqrt{3}$,就得到三相无功功率。

采用两只单相功率表,每表都按一表跨相法的原则接线,就得到如图 2-88 所示的两表跨相法的接线图。在三相电路对称的情况下,每只功率表的读数 Q_1 和 Q_2 与一表跨相法一样,即

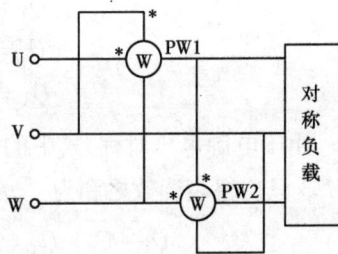

图 2-88　两表跨相法连接图

$$Q_1 = Q_2 = UI\sin\varphi$$

所以,两表读数之和为 $Q_1 + Q_2 = 2Ul\sin\varphi$

将两表读数之和乘以$\dfrac{\sqrt{3}}{2}$,就得到三相无功功率,即

$$Q = \frac{\sqrt{3}}{2}(Q_1 + Q_2) = \frac{\sqrt{3}}{2}(2UI \sin \varphi) = \sqrt{3}\, UI \sin \varphi$$

3. 三表法测量三相无功功率

（1）三相无功功率的测量

有功功率表不仅能测量有功功率，如果适当改换它的接线方式，还能用来测量无功功率。

（2）三表跨相法

适用范围：适用于电源电压对称，而负载对称或不对称的情况。

测量结果：按三表跨相法接线，将 3 只功率表的读数之和除以 $\sqrt{3}$，即可得到三相电路的无功功率。

采用 3 只单相功率表，每表都按一表跨相法的原则接线，就是三表跨相法，其接线图如图 2-89 所示。

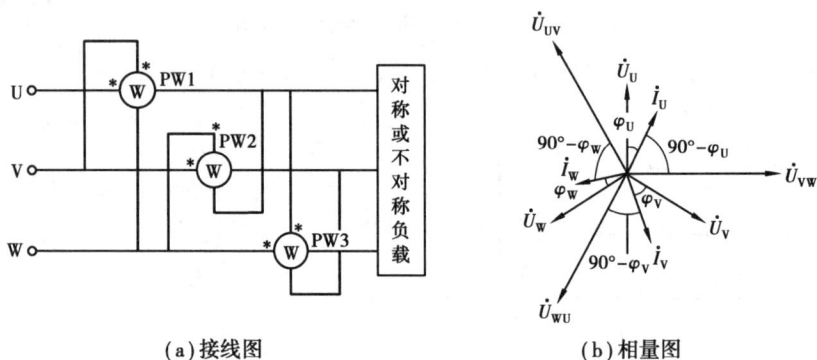

（a）接线图　　　　　　　　（b）相量图

图 2-89　三表跨相法的接线圈和相量图

当三相负载不对称时，3 只功率表的读数各不相同，即

$$Q_1 = U_{VW}I_U \cos(90° - \varphi_U) = UI \sin \varphi_U$$

$$Q_2 = U_{WU}I_V \cos(90° - \varphi_V) = UI \sin \varphi_V$$

$$Q_3 = U_{UV}I_W \cos(90° - \varphi_W) = UI \sin \varphi_W$$

由于电源电压对称，式中的 $U_{VW} = \sqrt{3}\, U_V$，$U_{WU} = \sqrt{3}\, U_W$，$U_{UV} = \sqrt{3}\, U_U$

3 只功率表读数之和为

$$Q_1 + Q_2 + Q_3 = \sqrt{3}(U_U I_U \sin \varphi_U + U_V I_V \sin \varphi_V + U_W I_W \sin \varphi_W)$$

$$Q = \frac{1}{\sqrt{3}}(Q_1 + Q_2 + Q_3)$$

上式说明，三相电路的无功功率等于 3 只功率表的读数之和除以 $\sqrt{3}$。

五、操作步骤

①安装图测绘。

②元件安装、线路连接。

③通电试车。

④故障分析及排除。

⑤清理工具、工程垃圾,收集剩余材料。

六、实训结果记录与评价

工作任务评价表见附表一。

七、任务巩固与提高

1. 测量三相电路对称,而供电系统电源电压不对称负载的无功功率时,应选用(　　　)。

A. 一表跨相法　　　　B. 两表跨相法　　　　C. 两表法　　　　D. 三表法

2. 测量三相三线制负载对称电路的无功功率时,应选用按(　　　)原理制成的三相无功功率表。

A. 两表人工中点法　　B. 两表法　　　　C. 两表跨相法　　D. 三表法

3. 按两表人工中点法原理制成的三相无功功率表适用于(　　　)的电路。

A. 三相三线制负载对称　　　　　　　　B. 三相三线制负载对称或不对称

C. 三相四线制负载对称　　　　　　　　D. 三相四线制负载对称或不对称

4. 用两表跨相法测量三相无功功率时,总无功功率 Q 等于(　　　)。

A. 两表读数之和　　　　　　　　　　　B. 两表读数之积

C. 两表读数之和再乘以 $1/2$　　　　　　D. 两表读数之和再乘以 $3/2$

5. 为什么功率表指针会发生反转现象? 什么情况下功率表指针会发生反转? 一旦发生反转应如何处理?

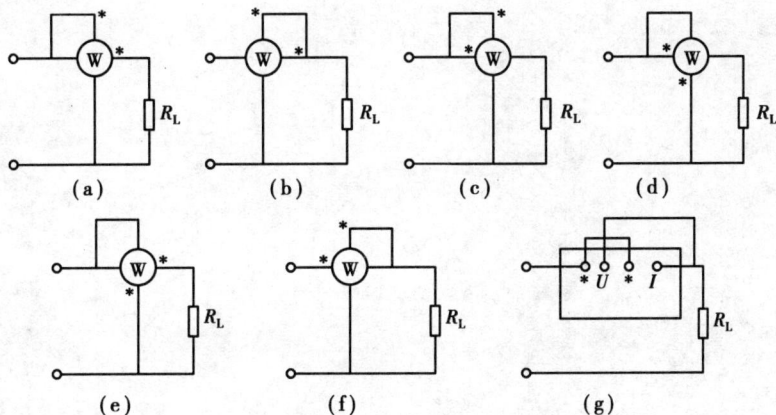

(a)　　　　(b)　　　　(c)　　　　(d)

(e)　　　　(f)　　　　(g)

八、技能拓展

用三相无功功率表测量三相无功功率。

附表一

云南工业技师学院 工作任务评价表							
任务名称：			班级：_____ 小组：_____ 姓名：_____		指导教师：_____ 日期：_____		
评价 项目	评价标准	评价依据	评价方式			权重	得分 小计
			学生自 评 15%	小组互 评 60%	教师评 价 25%		
职业 素养	1. 遵守企业规章制度、劳动纪律 2. 按时按质完成工作任务 3. 积极主动承担工作任务，勤学好问 4. 人身安全与设备安全 5. 工作站完成情况	1. 出勤 2. 工作态度 3. 劳动纪律 4. 团队协作精神				30%	
专业 能力	1. 掌握电气元件的检测 2. 掌握各电气元件的安装与接线方法 3. 会独立按照电气原理图进行安装接线 4. 具有较强的故障分析和处理能力	1. 操作的准确性和规范性 2. 工作页或项目技术总结完成情况 3. 专业技能任务完成情况				50%	
创新 能力	1. 在任务完成过程中能提出自己的有一定见解的方案 2. 在教学或生产管理上提出建议，具有创新性	1. 方案的可行性及意义 2. 建议的可行性				20%	
合计							

附表二

电工基本技能训练课程标准

课程名称	电工基本技能训练		
教学安排	第 3 学期	课时时间	建议 300 学时

典型工作任务描述

在现实的生活、生产中,生活场所和工作场所有大量的照明线路、电机及变压器,需要安装与检修,这些工作是需要依照安装标准和安全规程来完成的。在工作之前,也需要进行一些基本技能学习,例如,安全知识,工具、仪表的使用,导线的连接等

操作者接到安装或检修任务后,根据任务要求,准备工具和材料,做好工作现场准备,严格遵守作业规范进行施工,安装完毕后进行自检,填写相关表格并交付相关部门验收(或口头反馈给用户)。按照现场管理规范清理场地、归置物品

一体化课程学习目标

在学完本课程后,学生能够:

1. 通过观摩现场、观看视频图片等方式,感知维修电工的职业特征,遵循安全操作规程的必要性,了解企业安全生产要求、规章制度和技术发展趋势等,并通过各种方式展示所认知的信息

2. 学习安全用电知识,了解电工安全操作规程,了解常见的触电方式,应用触电急救方法实施触电急救

3. 能独立阅读工作任务单,明确工时、工艺要求和人员分工,叙述个人任务要求

4. 能勘查施工现场,识读施工图样,描述施工现场特征,制订工作计划

5. 能根据任务要求和施工图样,列举所需工具和材料清单,准备工具,领取材料

6. 按照作业规程应用必要的标识和隔离措施,准备现场工作环境

7. 按图样、工艺要求、安全规程要求施工

8. 施工后,能按施工任务书的要求进行自检

9. 能正确标注有关控制功能的铭牌标签

10. 按电工作业规程,作业完毕后能清点工具、人员,收集剩余材料,清理工程垃圾,拆除防护措施

11. 能了解电动机、变压器基本结构和工作原理,正确拆装电动机、变压器,并能进行维护,填写维护记录

12. 能正确填写任务单的验收项目,并交付验收

工作与学习内容

工作与学习对象:	工具、设备、材料及资料:	工作要求:
1. 执行电业安全操作规程 2. 接受任务,现场勘查,与用户沟通,明确工作任务要求,填写任务单 3. 识读施工图样及相关技术文件	工具:电工常用工具(如电笔、剥线钳、尖嘴钳等)、仪表(万用表、兆欧表等)、安装工具(如冲击钻、梯子等)、劳保用品 材料:导线、灯具、控制器件、保护器件、线槽、线管、绝缘材料、标签 资料:任务单、施工图样、电业安全操作规程、电工手册、电气安装施工规范等资料	1. 能执行安全操作规程、施工现场管理规定 2. 能实施触电急救 3. 能明确项目任务和个人任务要求,服从安排

4.根据任务要求和施工图样,制订工作计划 5.根据任务要求,准备工具和材料 6.准备现场工作环境 7.按施工计划和工艺要求进行安装 8.查找、排除故障 9.施工后自检 10.清理场地、归置物品 11.在任务单上签字确认,交付相关部门验收	工作方法(内容): 1.安全用电的方法 2.电工常用工具的使用 3.导线线头的加工与连接 4.白炽灯(节能灯)照明线路的安装与维修 5.其他电光源线路的安装与维修 6.综合照明线路的安装与维修 7.常用室内线路线路的安装与维修 8.电阻的检测 9.电压、电流的检测 10.电能的检测 11.功率的测量 劳动组织方式: 1.一般以小组形式施工 2.领取工作任务 3.与其他部门有效沟通、协调,创造施工条件 4.与同事有效沟通,合作完成施工任务 5.从仓库领取专用工具和材料 6.完工自检后交付项目负责人	4.能识读施工图样,明确施工的工具、材料、位置等技术工艺要求 5.按照作业规程应用必要的标识和隔离措施,确保现场施工安全 6.能按图样、工艺要求、安全规程要求施工 7.施工后,能按施工任务书的要求进行自检 8.能正确标注有关控制功能的铭牌标签 9.按电工作业规程,作业完毕后能清点工具、人员,收集剩余材料,清理工程垃圾,拆除防护措施 10.能正确填写任务单的验收项目,并交付验收

附表三

电工基本技能训练学习任务

项目		任务
项目一	电工基本操作技术与照明线路安装	任务一　电工常用工具的使用、导线线头的加工与连接
		任务二　一控一照明线路的安装
		任务三　二控二照明线路的安装
		任务四　二控一照明线路的安装
		任务五　综合照明线路的安装与维修
		任务六　常见室内线路的安装与维修
		任务七　日光灯线路的安装与维修
		任务八　高压汞灯线路的安装与维修
		任务九　高压钠灯(金属卤化物灯)线路的安装与维修
项目二	电工仪表的使用及维护	任务一　万用表电阻挡测量训练
		任务二　直流单臂电桥测量训练
		任务三　直流双臂电桥测量训练
		任务四　兆欧表的使用训练
		任务五　接地电阻测量仪的使用训练
		任务六　直流电压、电流的测量训练
		任务七　交流电压、电流的测量训练
		任务八　钳形电流表的使用训练
		任务九　单相电能监测操作训练(直接法)
		任务十　单相电能监测操作训练(间接法)
		任务十一　三相电能监测操作训练(直接法)
		任务十二　三相电能监测操作训练(间接法)
		任务十三　单相、三相电能监测操作训练(电子式)
		任务十四　三相有功功率的测量
		任务十五　三相无功功率的测量

参考文献

[1] 刘希村,谭政.电工技能实训[M].北京:中国电力出版社,2010.

[2] 陆运华.图解电工技能实训[M].北京:中国电力出版社,2011.

[3] 韩雪涛.电工基础技能学用速成[M].北京:电子工业出版社,2009.

[4] 陈惠群.电工仪表与测量[M].4版.北京:中国劳动社会保障出版社,2007.

[5] 郝广发.电工工艺学[M].北京:机械工业出版社,2003.

[6] 王建.维修电工技能训练[M].4版.北京:中国劳动社会保障出版社,2007.